生　活　探　索　家

高山上的科学

[意] 雅各布·帕索蒂　著
吴若楠　译

海洋出版社
2018年·北京

图书在版编目(CIP)数据

高山上的科学 / (意) 雅各布.帕索蒂(Jacopo Pasotti) 著 ; 吴若楠译. — 北京 : 海洋出版社, 2018.11 (生活探索家)

ISBN 978-7-5210-0223-2

Ⅰ. ①高… Ⅱ. ①雅… ②吴… Ⅲ. ①科学知识 – 普及读物 Ⅳ. ①Z228

中国版本图书馆CIP数据核字(2018)第235624号

高山上的科学

著　　者 / [意] 雅各布・帕索蒂
译　　者 / 吴若楠
策划编辑 / 项　翔
责任编辑 / 刘　玥
责任印制 / 赵麟苏

出　　版 / 海洋出版社
北京市海淀区大慧寺路8号
网　　址 / www.oceanpress.com.cn
发　　行 / 新华书店北京发行所经销
发行电话 / 010-62132549
邮购电话 / 010-68038093
印　　刷 / 北京朝阳印刷厂有限责任公司

版　　次 / 2018年11月第1版
印　　次 / 2018年11月第1次印刷
开　　本 / 787mm × 1092mm　1/32
字　　数 / 140千字
印　　张 / 6.25
书　　号 / 978-7-5210-0223-2
定　　价 / 39.80元

前　言

中学毕业后，我进了地质系。但别以为我做了这个选择，是因为我对晶体化学、地球物理学，甚至应用地质学，怀有一份本能而强烈的热爱。根本不是这么回事。我真正热爱的是攀岩、登山、滑雪、呼朋引伴到山里度假，找个地方扎营，策划到阿尔卑斯山的峡谷里进行新的探险。而真正点燃我对地质科学好奇心的是瓦尔泰利纳谷的花岗岩、格里尼亚山的石灰石、多洛米蒂山脉的白云石和瓦莱达奥斯塔的片麻岩。总之，我会读地质学，起初是因为我喜欢户外运动，喜欢亲手触摸大自然，喜欢感受山风的沁凉，而那时，地质学似乎给我提供了个上山散步的好借口。

接着，事情起了点变化，我对于待在书店里或实验室里的喜爱开始变得与上山几乎不相上下。我对某些主题产生了兴趣，我原本压根无法想象会因它们而着迷，情愿把自己钉在书桌前好几个小时做研究。比方说，同类的岩浆可以形成多种截然不同的岩石与矿物，这样的现象突然显得有趣极了。研究得越多，越感到兴致盎然，不仅感受到自然界的多姿多彩，也发现自然界的复杂性能通过科学获得一种秩序。

以前我对山脉的态度仅仅是出于喜欢，但现在我能从身边各种岩石中读出一个故事，辨识出一系列造就了各个山谷、山脊和山峰的事件与过程。有些征象和痕迹是我原本无法解读和解释的。如今，我看到山脉无不诉说着自己的故事，讲述着上面的冰川是如何形成的，探究着眼前那块岩石上的地衣对气候有何意义。

而我也希望这样的事能发生在正在翻阅本书的你身上。也许你只是不经意地将此书从图书馆的书架上取下，但我希望它能勾起你对于山脉的某种好奇心，希望这份求知欲能与日俱增，不断深化。总之，我希望本书对某些科学问题的解答能在你心中激发全新的疑问与好奇心。

像从一块岩石跳上另一块岩石以抵达溪流的彼岸那样，你阅读这本书也会同样灵活轻巧。同时，这些有关山脉的科学趣闻的方式也如同跳跃的步伐那般迅速而坚决。

到达了河流彼岸之后，你会想要更深入地探讨我在书页间所介绍的一些内容。但更重要的是，到达了彼岸的你已经历了一段愉快的阅读时光，但愿如此。阅读此书时，你或许正躺在盛夏时分阳光明媚的草地上，或许是舒舒服服地窝在单人沙发上，而窗外还下着雪。

目录

山脉的下面

第一章　一个有关地球的问题

第二章　岩石可真软

第三章　发烧的山脉

第四章　山脉何时退休

第五章　那座山究竟有多高？

山脉的内部

第六章　岩石及其循环

第七章　会盖房子的珊瑚和琥珀

第八章　矿物之王

第九章　在水下也着火的山

山脉的外观

第十章　完美的山脉形状

第十一章　假使冰也加入战局

第十二章　粉碎的山脉

第十三章　绿色的山脉

第十四章　山里的居民

山脉的上面

第十五章　山里的冷与热

第十六章　雨，风，闪电！

第十七章　雪的科学

第十八章　卡宾的科学

山脉的下面

LE MONTAGNE DI SOTTO • LE MONTAGNE DI SOTTO • LE MONTAGNE DI SOTTO •

第一章

一个有关地球的问题

山脉的形成

我们的星球会自我更新。假使我们像剖开一个西瓜那样将它剖成两半，就会注意到地球其实是由地心至地表的多层同心球体所组合而成，而地表好似一层又粗又硬的皮肤。

我们称地球的皮肤为岩石圈，这种皮肤不断地再生。随着地球深处的熔岩（岩浆）涌出，沿着洋中脊会形成新的岩石圈，而较古老的岩石圈则沉陷到各个大洲（或是其他的大洋）之下。此种岩石圈沉陷的过程被称为俯冲，岩石圈陷到地底之后接触地热，最后回到原始的熔岩状态。

大洋岩石圈的平均密度为2.9克每立方厘米（是水的密度的3倍），而比大洋岩石圈厚的大陆岩石圈的平均密度则为2.7克每立方厘米。没错，两者的密度差异的确不大，但这个差异却足以让大洋板块沉陷到大陆板块之下。俯冲作用和海底扩张促成了大陆漂移，也是导致大陆缓慢而不间断的移动以及山脉形成的基本原因。

岩石圈质地呈刚性（即具有破裂而非变形的倾向），可再细分为许多板块，板块像是巨大的石筏一样受到对流体的拖曳而在软流圈之上漂移（软流圈位于80~200千米的深度）。我们可以从强震、火山的存在以及山脉的形成（终于讲到山脉了）了解到板块的存在。

软流圈很热，热得不得了，而假使它算不上是液态（我们所谈论的是1600℃左右的熔岩），我们也可以将它想象为一种具有延展性的物质，其流动性随物质的温度与密度的变化而有所不同。这是一种极为缓慢的运动，每年只移动几毫米，但仍足以带动其上方的岩石圈。

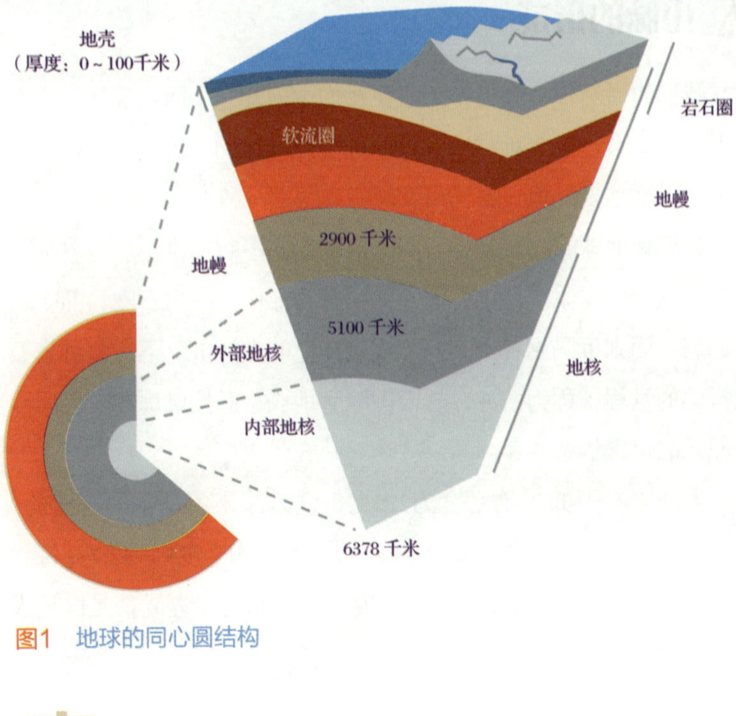

图1　地球的同心圆结构

软流圈里所发生的事就好像我们在煮蔬菜汤时锅里所见到的：锅的中央，即火源处的温度较高，锅沿的温度较低，我们的确能看见蔬菜在锅的中央向上浮起，并在锅沿一带下沉的运动。在软流圈里也是如此，软流圈里某些较热的区域发生了熔岩运动，这些熔岩拖动上地幔，使其破裂，推挤它，并导致它与岩石圈里的其他板块相互碰撞。一个世纪以前，有人发现并描述了这一过程——板块构造论。

从这个前提出发，我们看看接下来的两个事实，并借着它们进入本书的重点部分。第一个事实是，山脉形成于岩石圈板块的边缘地带；第二个事实则是，所有的一切皆与密度有关。

岩石圈沿大洋中脊形成后，漂浮在软流圈上，逐渐被推离大洋中脊。沿着两个板块的交界（碰撞）线，较重的岩石圈沉没至较轻的岩石圈之下。相对于大陆岩石圈，从大洋中脊涌出的岩浆所形成的岩石圈的密度较高且重量较重，因此必然会在两者相遇时抵挡不住而沉到前者下方。此外，各个海床之所以淹没至水底，而各个大陆却浮在水上，也是来自于此种密度差。

当然，岩石圈并非液态，流动违反其原本属性。我们所提到的运动其实是每年仅有几毫米的运动，而没入其他板块之下的岩层则足足有几十千米的厚度。此种运动是一个缓慢的过程，所制造出的巨大摩擦力会导致岩石破裂变形，便形成了山脉。总之，我们所谈论的是有关地质的主题，是需要地质时间才能涵盖的事件，是随着时间能导致整座山脉隆起的巨大能量。

地球上大部分的山脉是大陆板块碰撞的结果，这几乎可被视为一系列行星等级的地质意外事件。

落基山
阿巴拉契亚山
安第斯山
埃尔斯沃思山
横贯南极山脉

斯堪的
纳维亚山
乌拉尔山
阿尔泰山
阿尔卑斯山
喀尔巴
阡山
比利牛
斯山
亚平宁山
喀喇昆仑山
高加索山
喜马拉雅山
阿特拉斯山
东非大裂谷
澳大利亚
阿尔卑斯山
德拉肯斯山脉
南阿尔卑斯山

图2　世界上主要的山脉

海洋下沉，安第斯山脉随之诞生

落基山脉或安第斯山脉一类的山脉形成于大洋岩石圈楔入大陆岩石圈的地带。在这个过程中，岩石圈在下沉的过程中逐渐熔化，并在软流圈里恢复为熔融状态。

安第斯山脉地区的地震、山峦和火山即是海洋地壳俯冲到大陆地壳下的结果。大陆地壳是地球的表皮，是岩石圈最外层、质地最刚硬而且重量最轻的部分，两个板块的移动与其方向相反的推挤所产生的摩擦力，形成了堆积和卷曲。南美洲板块向西滑动至太平洋岩石圈上方，这时的它就好像一张在某个粗糙面上滑动的地毯一样显得凹凸不平。

巨大的大洋岩石圈向下滑行，沉入美洲大陆下方的软流圈里，由此产生的巨大熔岩气泡（我们称之为岩浆）密度低于地壳，从而让道并沉至大陆岩石圈的核心地带。接着，这些熔岩气泡上升，最后凝固在岩质山腹，或者抵达地表，形成散布在安第斯山脉地区的火山，但第二种情形较为少见。

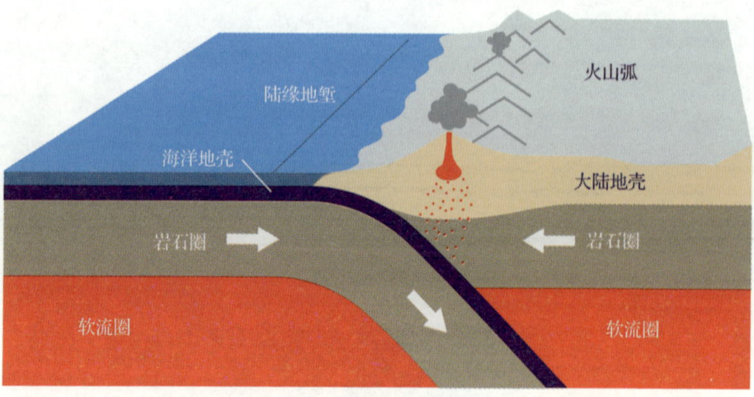

图3　山脉的形成（1）：海洋地壳与大陆地壳

喜马拉雅山脉的形成：地质碰撞的结果

相反，当彼此碰撞的两方皆为大陆岩石圈时，事情会变得比较复杂，因为两者的密度相当，没有一方打算给另一方让路。这就好像两条地毯相撞一样，彼此正面地撞击，大陆地壳扭曲的程度和随之而成的山脉非常巨大，力道渗透范围极广。这便是阿尔卑斯山脉的状况：这一系列连接阿尔卑斯山和喀尔巴阡山，接着延伸至高加索地区，并从那儿一直延至喜马拉雅山脉，是欧亚板块与其他四个板块（非洲、阿拉伯、印度和澳大利亚板块）相互碰撞的结果。碰撞始于60万年前左右，目前仍如火如荼地进行中。

喜马拉雅山脉（其梵文原意为“冰雪之乡”）有一段独特的历史，值得我们多花点篇幅讨论。几千万年前，印度板块全速（我所指的当然是地质的速度）撞击亚洲板块，形成了今天我们看到的喜马拉雅山脉的高峰。1200万年前，印度仍是巨大的冈瓦纳古陆的一部分（涵盖非洲、南极洲和澳大利亚），与马达加斯加岛和非洲相连（或许也与澳大利亚相连），隔辽阔的热带海洋特提斯洋，与劳亚大陆（包括现今的欧亚大陆、北美洲与格陵兰岛）相望。

大约在8000万年前，印度与马达加斯加岛分离，开始以每年10～20厘米的速度向北“跑”。离开了马达加斯加和非洲以后，它在4000万年的时间跑了5000千米的距离，最后在4000万年前左右撞上了亚洲大陆。此次撞击的威力不容小觑，形成了青藏高原与几个深入蒙古的心脏地带的断层。从那时起，撞击力减缓，但并未完全终止。印度仍顽强地继续挤压亚洲，以每年5厘米的速度向亚洲大陆推进，不断挤推着“冰雪之乡”。如今这股强大的推力仍在持续，是巴基斯坦和尼泊尔一带发生地震的主要原因。

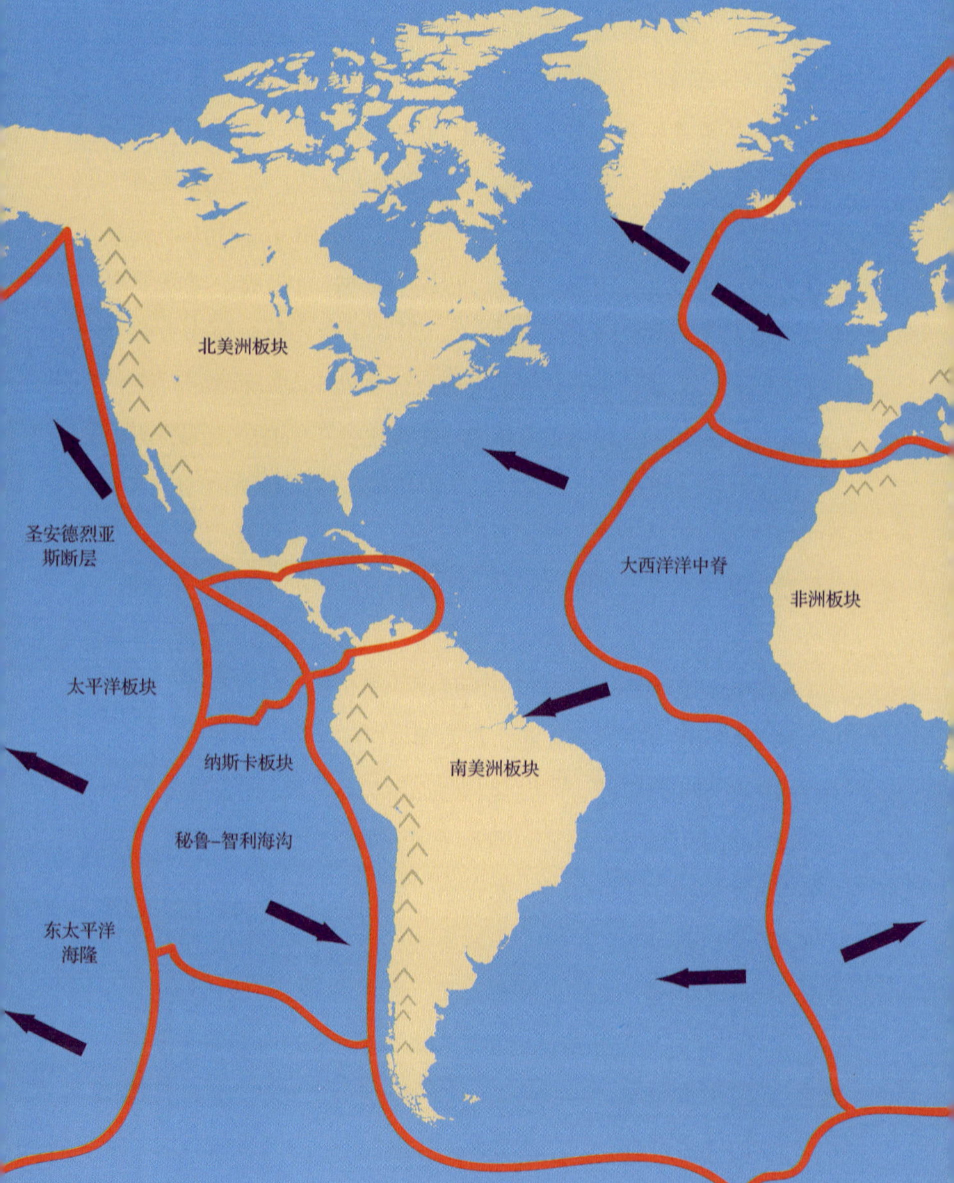
北美洲板块
圣安德烈亚
斯断层
大西洋洋中脊
非洲板块
太平洋板块
纳斯卡板块
南美洲板块
秘鲁–智利海沟
东太平洋
海隆

图4　世界上的主要板块

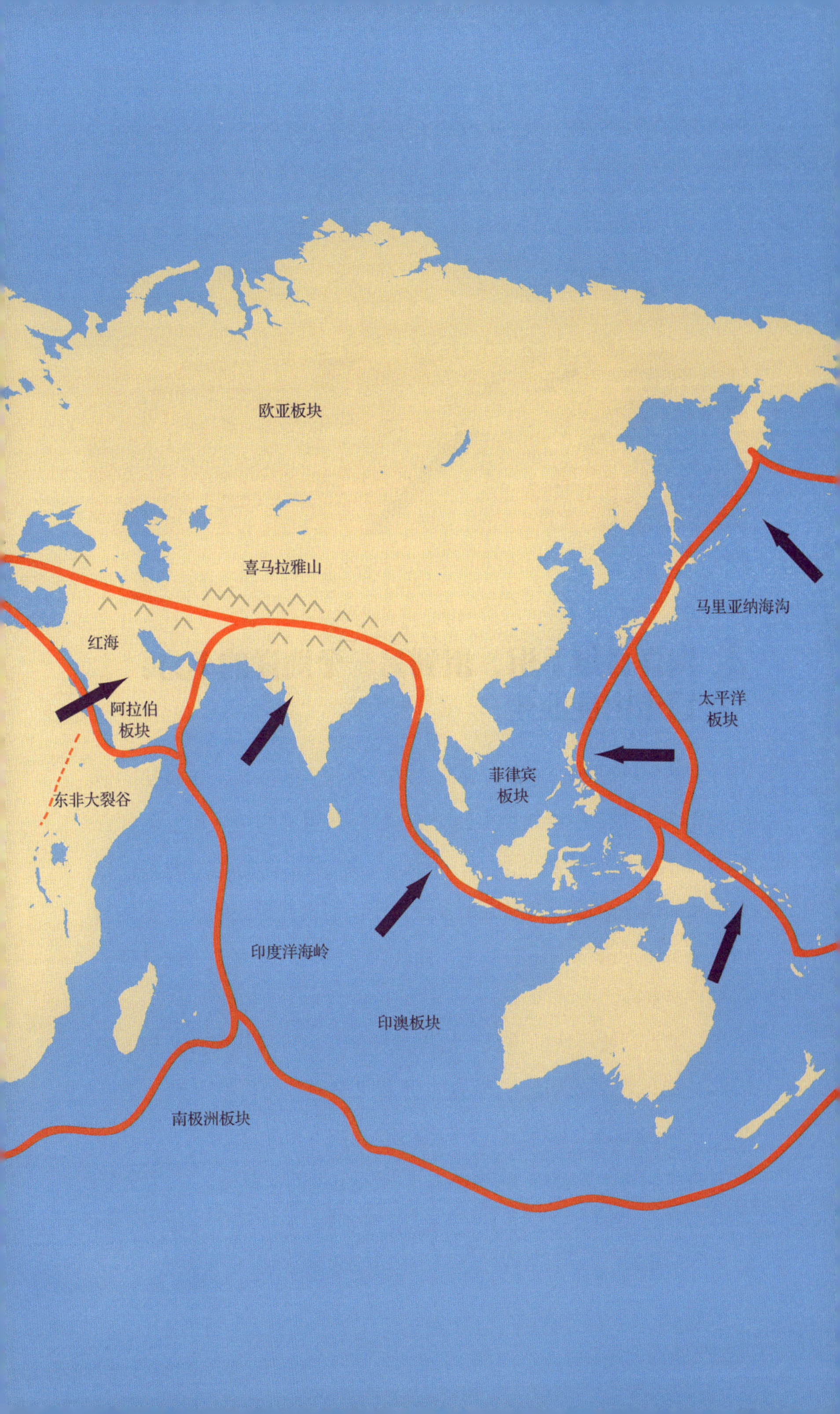

欧亚板块
喜马拉雅山
马里亚纳海沟
红海
阿拉伯
板块
太平洋
板块
菲律宾
板块
东非大裂谷
印度洋海岭
印澳板块
南极洲板块

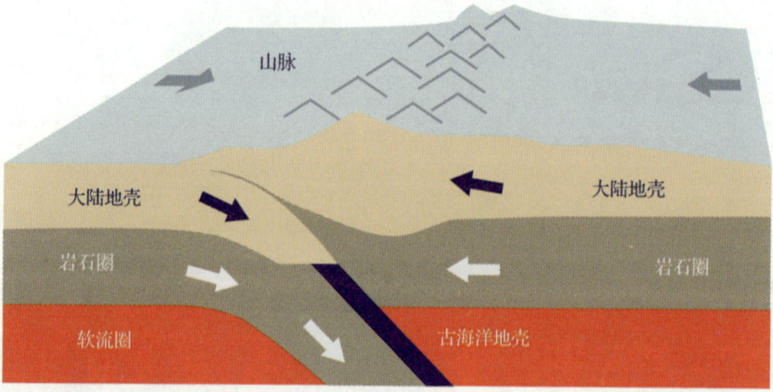

图5　山脉的形成（2）：大陆地壳与大陆地壳

海洋持续下沉，沉到另一个海洋的下方：日本由此而生

大陆板块碰撞的同时，会有大洋板块楔入另一块大洋板块的情形发生。太平洋板块便是如此，它以每年8厘米的惊人速度沉到日本及日本以南的新西兰之下，形成了一些多山的岛屿。的确，日本73%的国土是山区，平原不多且狭小。而由此形成的火山则相当高：富士山的海拔高达3776米，而新西兰境内的库克山（插云峰）则有3724米高。

一碰到欧亚板块的边缘，海洋地壳便开始下沉和熔解。与上述情形一样，炽热的熔岩所产生的巨大“气泡”会再度上升至岩石圈，并抵达地表，形成了日本境内的火山（约有200座，其中60座为活火山），成为所谓的环太平洋火山带的一部分，一个全长

40000千米的马蹄形地带。全球90%的地震和几座最活跃的火山也都位于此地震带。

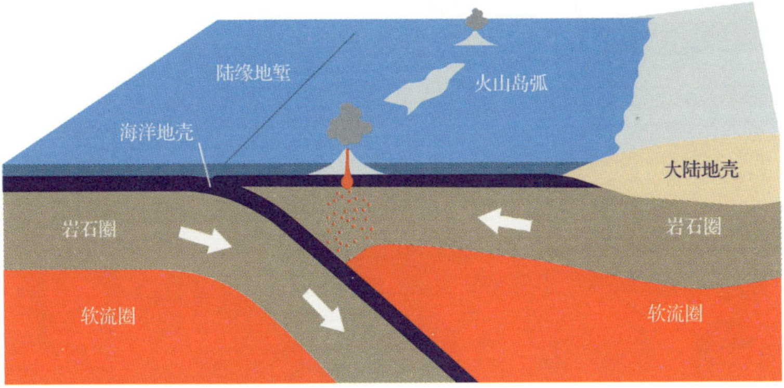

图6　山脉的形成（3）：海洋地壳与海洋地壳

第二章

岩石可真软

山脉为什么要弯曲？

当然，岩石很硬，硬得不得了，但它们几乎能像蜡烛一般地弯曲。这不过是个时间长短的问题：我们只需半分钟便能让蜡烛弯曲，但要让地壳弯曲，得花上数百万年的时间，还要有能够压缩岩石的巨大力量以及极高的温度。

在山脉形成的过程中，地球内部的某个特定深度会产生这些条件，使岩石在压力的作用下发生塑性变形（材料受外力作用而永久变形时称为塑性变形；若材料可以恢复原状，则为弹性变形）。没错，我们很难想象数十米或数百米长的坚硬岩石像蜡烛一样弯曲，然而，在一定的条件下，岩石可以产生数千米长的弯曲。有时，弯曲的范围之大，唯有透过航拍图才能检测到它们的存在；也有时，你可以在道路的断裂口或河流沿岸通往山区的豁口察觉到此种现象。阿尔卑斯山、喜马拉雅山、阿巴拉契亚山……总之，所有的山脉都可以看到岩石弯曲的影子。

谁才是第一高山？珠穆朗玛峰、冒纳凯阿火山，还是钦博拉索山？

这得看情况。珠穆朗玛峰海拔高度足足有8848米，没有其他山峰能够打破这个纪录。然而，假使海洋并不存在，或许我们应该把第一名的位置颁发给海拔高度仅有4200米的冒纳凯阿火山，因为这座山的山顶距海底足足有1万米，也就是说，这座火山有5800米位于海平面之下。

相反，假使我们想找到距离地心最远的山峰，我们得转移阵地去厄瓜多尔，更准确地说是安第斯山脉的钦博拉

七座山峰

山　脉	大　陆	海拔高度
珠穆朗玛峰	亚　洲	8848米
阿空加瓜山	南美洲	6962米
麦金利山	北美洲	6194米
乞力马扎罗山	非　洲	5895米
厄尔布鲁士山	欧　洲	5642米
文森峰	南极洲	4892米
科修斯科山	澳大利亚	2228米

索山，这座山的海拔高度为6310米。然而，假使我们考虑到地球并不是一个标准的球体，钦博拉索山距地心6384千米，比珠穆朗玛峰多出2千米。

我们是否要离开我们这个小小的星球，到太阳系的边境去探寻最高纪录呢？好吧，那么太阳系的最高峰其实是位于火星的奥林帕斯山，足足有22千米高，底部呈圆形，直径600千米。这是太阳系中气势最为磅礴的火山，换言之，它是银河系这个角落的第一高峰。根据科学家的说法，这座火山上一次喷发距今已有200万年之久。因此，尽管目前呈现休眠状态，我们仍可以说它是一座活火山。

山脉为什么会断裂？

在某些情况下，岩石没有弯曲，而是断裂，由此形成断层。换言之，岩石破裂后所形成的平面又称为断层面，而地壳则会沿着断层处相互滑动。总之，假使作用力超过岩石的最大强度，岩石不会弯曲而会破裂，从而导致地震。

两个地壳板块碰撞，形成断层，地震通常沿着断层发生。断层由多条绵延的断层线组成（可说是个“断层线家族”）。断层在板块的挤压下变形，年复一年积累巨大能量，最后岩石承受不住压力而破裂，释放出巨大能量，这种过程所产生的爆炸即为地震。这是一个缓慢的过程，一种“地质式”的缓慢速度，而一次大地震与另一次大地震之间往往相隔数十年、甚至数百年之久。

我们的星球上遍布着无数断层，各式各样，其中有的很大，有的则只有几十米长。有些是活断层，这意味着沿着断层面彼此接触的两块地壳累积了愈来愈多的能量（在我们谈到此事的此时此刻也不例外），当能量到达临界点时，瞬间被释放，从而引发地震。相反，其他的断层则是所谓的不活动断层，它们是古时候的地层运动所遗留下来的痕迹，告诉我们古时候的地壳活动情况。

美国境内的圣安德烈亚斯断层可能是世界上最著名的断层，但新西兰的阿尔卑斯断层（于2010年引起7级地震）以及土耳其的北安纳托利亚断层（2011年在凡城一带引起7.2级地震）则因其强大的破坏力令人难忘，让人类见识了它们的威力。这两个断层都贯穿数百千米的山区，并经过几个重要城市的周边，如伊斯坦布尔和基督城，这些城市因而被认定为地震高风险城市。意大利半岛的主干亚平宁山脉的全线，也有断层线通过，其中有许多断层仍非常活跃。

手风琴一般的山脉：阿尔卑斯山诞生记

如果可以帮阿尔卑斯山拍摄一个从亿万年前至今的缩时摄影，其结果会令我们大吃一惊：整个阿尔卑斯山地区像是一台手风琴一般被拉开，然后又重新收起。

这个缩时摄影刚好从2亿～2.3亿年前开始。起初，我们只见到唯一的一块大陆，即所谓盘古大陆（希腊语，意为“全陆地”），这个大陆基本上汇集了当今所有的大陆。

现今阿尔卑斯山所在的地方原本是一小块热带海洋，

海上散布着一些或称为珊瑚环礁的小岛屿。缩时摄影呈现了一个热带天堂，即便科莫和苏黎世等城镇在当时已经出现，我们也得乘独木舟或帆船（因为两地相距700千米左右）才能从一个城镇到达另外一个城镇。

后来，大约在1.5亿年前，我们看见特提斯洋，就如同当今将非洲和欧亚大陆与美洲区隔开来的海洋一样，楔入古老的盘古大陆的两个地块之间，将大陆分为两个大洲。以北形成了劳亚大陆（即现今的欧亚大陆和北美洲），而以南则形成了冈瓦纳古陆（即现今的南美洲、非洲、印度、澳大利亚和南极洲）。这时，要从科莫前往苏黎世，我们需要一艘像样的船，才能穿越横亘于两个城市间的那1500千米的海洋。

然而，大约从6000万年前开始，大西洋开始渐渐张开，北美洲和南美洲分别脱离各自所在的大洲，而同一时间，特提斯洋也开始关闭。正如缩时摄影展现的，不仅仅是这个古老的海洋关闭了起来，冈瓦纳古陆（如今我们称之为非洲）的某个部分和（如今我们称之为印度的）另一个部分开始用力向北推移，最后与欧亚大陆碰撞。一部分的海洋最后被吞没至大陆岩石圈的边缘下，一部分则像是被两片吐司夹住的果酱那样承受重压与推挤，两者相互推挤，阿尔卑斯带的群山于是开始隆起。最后，缩时摄影显示出，如今苏黎世至科莫之间的直线距离仅有300千米。然而，从其中一个城市到另一个城市，我们现在无须渡过海洋，而是得跨越山脉（地质学家在阿尔卑斯山的许多地方都找到了古特提斯洋壳的遗迹）。

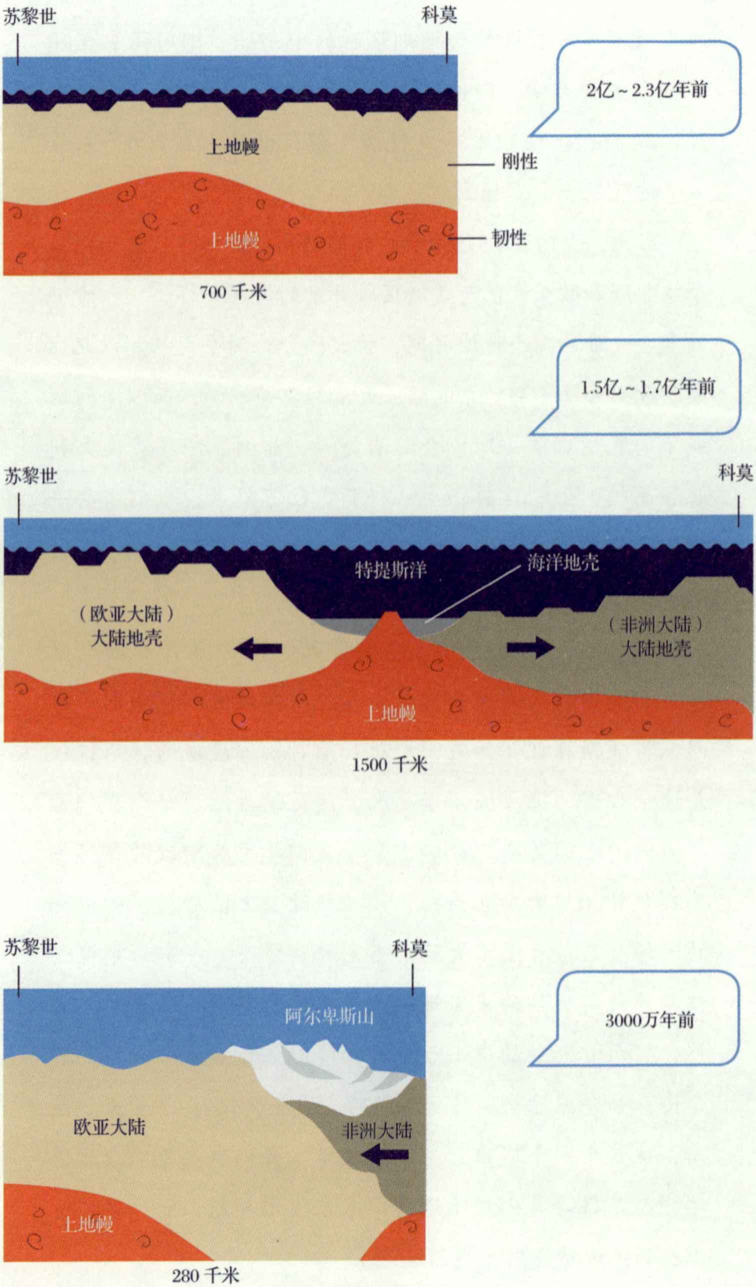

图7　从2.3亿~3000万年前的阿尔卑斯山的缩时摄影

我们是否能够预知地震？

答案为：否。当然，这是个合理的提问，很有必要问自己。人们对于地震的风险及地震对人口和基础设施的影响相当担忧，期待科学迟早能对此给出肯定的答案，这很正常。然而，不幸的是，就我们目前所知，答案无疑是否定的：发生地震的准确时间与强度，就如同其他许多的自然现象（天气、火山爆发、气候变化）一般，仍无法为人所预测。

长期以来，地震学家一直在寻找地震的前兆，即那些预报地震发生在即的现象，但尚无任何真正可靠的依据。然而，科学家能指出较易发生地震的地区，其依据正是参考断层的存在及其特点、其在地壳上的位置、地质以及该区域的历史。但要注意的是，由于我们所谈论的只是概率，此类依据要在较长远的时间里才具有效力。比如说，概率可以相对准确地指出，有哪些主要的发震断层（即能够引发强震的断层），或者预期中的大地震的强度；概率也有助于估计地震当天大地将遭遇多大的加速度，以及未来十年或百年内该断层活动的概率。仔细想想，我们能预知的其实很少。地震可能发生于一两年内，直接影响到我们，或者发生于百年之后，影响几代以后的人类。尽管如此，这些信息足以让今天的我们作出有用的决定，预防未来可能造成的损失。

这就是为什么地质学家总是不厌其烦地强调该研究的局限性，并坚称我们应该加强预防，提高城市对于地震的耐受度，因为地震迟早会发生。

假使我们能向蟾蜍请教地震预报的秘密，那就太好了。的确，这种动物似乎在2009年意大利拉奎拉那场毁灭性的地震前夕便察觉到大自然的警示。在离拉奎拉约60千米的马尔凯大区南部，一群研究蟾蜍交配的科学家偶然发现，在大地震发生的5天前，该地区的蟾蜍抛下伴侣，离开栖息地，甚至可以说是逃之夭夭。遗憾的是，和癞蛤蟆对话不是件容易的事。因此，直到目前为止，这些动物仍保守着秘密。而我们能推测的，也仅仅是它们在地震前几天或前几小时就会觉察到磁场的变化，或者是觉察到某些被释放出的气体浓度发生改变。

看不见的山脉：洋中脊与热点

让我们试着想象，有一种魔法，会让地球上的海洋暂时消失一个星期。在魔法的影响下，海底勘探会揭示出隐藏在海底的巨大山脉。其中的一些是所谓的洋中脊，有从南到北纵贯大西洋的洋脊，有将位于西侧的太平洋板块与横亘于南美洲和中美洲之间的纳斯卡板块和科科斯板块区隔开来的洋中脊，最后，还有将非洲板块与印度板块、澳大利亚板块和南极洲分隔开来的洋中脊。一般来说，以深海平原为基准，洋中脊约有2000米左右的高度（而深海平原的平均深度为4000米），洋中脊不断地被弱的地震和火山爆发撼动，后者所喷发的岩浆形成新的大洋岩石圈。假使我们能够近距离观赏，这一切想必非常壮观。

另外一些我们可以欣赏的壮观山脉是从海洋深处延伸至海平面甚至超出海平面的巨型火山。夏威夷群岛的冒纳罗亚火山和冒纳凯阿火山从海底算起足足有8000～10000米高。复活节群岛、加那利群岛、维德角及其他散布在各个大洋之上的岛屿也是如此。它们离板块交界线很远，都是海底火山喷发形成的岛屿。它们并非因大陆碰撞形成，而是源于所谓的热点，在热点区里，软流圈的温度极高，充满岩浆的热物质沿着地函热柱穿越大洋岩石圈上升，喷出地表。根据地质学家的说法，火山喷发的岩浆源自软流圈的深处，一般呈现为液态。然而，到目前为止人们仍然不太了解这些地函热柱形成的方式。

假使某个热点正好落在洋中脊沿线，便会导致甚为惊人、几乎可以说是夸张的岩浆产量。因为这意味着伴随着火山喷发的张裂现象，即两个大陆板块之间的移离现象，碰上了同样会产生岩浆的热点。在此种情况下，地质学家立刻提起超大量的岩浆生产。举例来说，发生于冰岛和崔斯坦达库尼亚的便是此种情形。冰岛刚好位于大西洋洋中脊沿线，其西北部紧挨美洲板块，其东南部则位于欧亚板块上，冰岛的中央地带有一个热点，据估算其直径比岛屿本身大得多。软流圈的热物质大量涌向地表，整个岛屿活火山遍布。

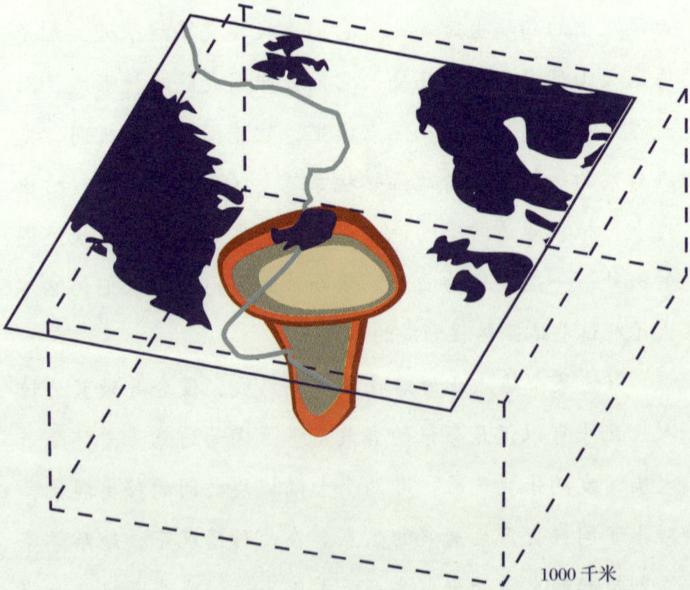

图8 冰岛的热点

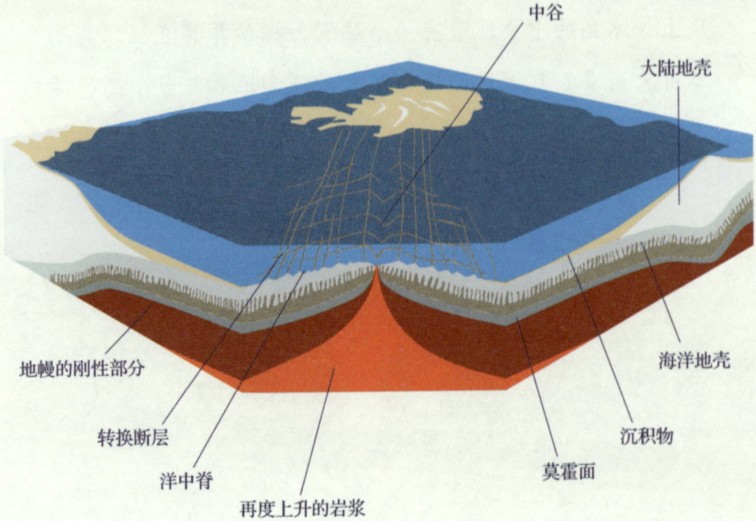

图9 冰岛的岩石圈的横截面

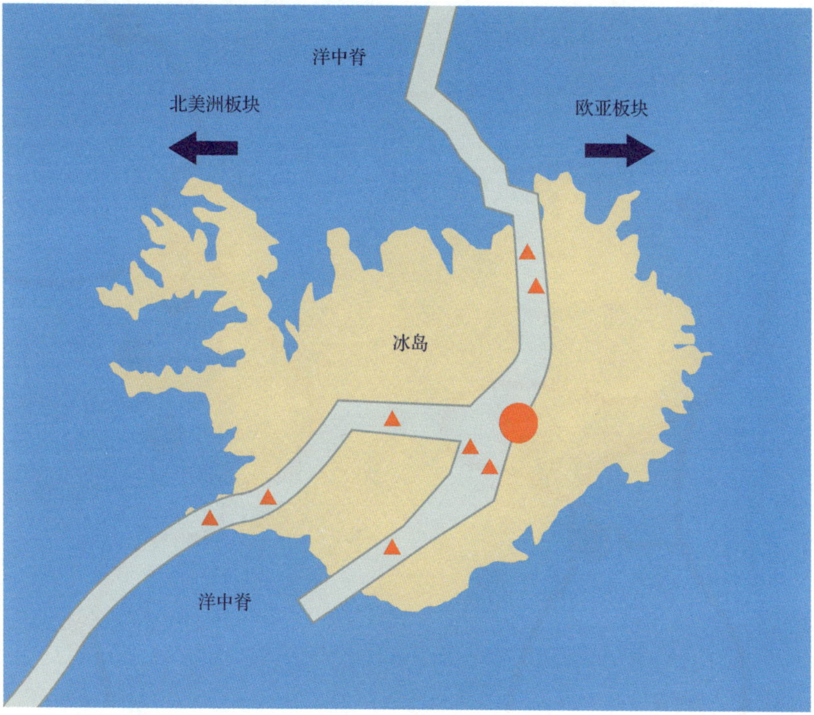

图10　被洋中脊贯穿的冰岛（红色三角形标出主要的活火山）

图11　世界上主要的热点

阿法尔州

第三章

发烧的山脉

地热和隧道里为何很热?

当初挖掘连接瑞士与意大利的辛普朗隧道时，施工所遭遇到的难题之一便是隧道内的温度。在20世纪初，人们已经知道地下深处很热，但是仅仅是向一座大山的内部挖掘几千米，便会遇到45℃的高温，这一点则是工程师和地质学家始料未及的。挖掘隧道的工作非常艰苦，因为工人们必需承受巨大的温差（当时冬季户外的温度可低至−15℃），这项工程前后历时8年。

愈深入地壳，温度便愈会升高，各个地下矿坑都有此现象，人们对此早有了解。南非的陶托那金矿是世界上最深的金矿之一：矿工们在地下2.9千米的深处作业，而该处的岩石可以达到60℃，矿坑内部须由人工降温。

是地热导致了地壳里的温度升高。这部分源于地球内部流动的热量，部分起因于地球的构造，但增温的主因是铀、钍和钾的放射性衰变（一种生热的现象）。地温梯度表明温度随深度变化的速率。在洋脊或火山地带一类的“炎热”区域，梯度有可能高达到每千米40～80℃。我们可以在欧洲大陆心脏地带的一块稳定的大陆地壳测到每千米25～30℃的数值（至少在一开始较接近地表的几千米是如此）。更往下来到地幔的深度，地温梯度仍会改变，但这离我们要讲的山脉太远，因此暂且不讨论这一点。

一座山有多重？

怎样计算一座山的重量？嗯，如果我们将这个问题简化，这便是个再简单不过的问题了。以马特峰为例，这座山峰具有独树一帜的金字塔形状（相较于勃朗峰，这已经算是较为简单的形状了）。我们暂且视其为一座高4478米的真正的金字塔，接着，我们将计算简化，只考虑最后的2478米，即其金字塔形的部分，也就是切尔维尼亚到策马特的所有明信片中矗立的那段山峰。这么一来，我们便得到了一座高2478米的、各底边为3千米的岩石金字塔。其结果是一座形状极为规则的巨大的金字塔，其高度与底边的差距不大（也许这座山正是因为具有如此精确的形状才显得如此赏心悦目）。其总体积约为7.5立方千米，由坚固的岩石构成。现在，我们要设法确定岩石的种类。我们在它的底座发现了将欧亚大陆和非洲大陆分隔开来的古海洋遗迹，一种质地致密的岩石（每立方厘米约2.8克），而我们在山较高的部分找到了密度相似、人称片麻岩的岩石。如此一来，问题就解决了：我们可以利用体积和密度计算出金字塔的重量，只需要将其体积乘以密度（不要忘记将密度转换成立方千米）。因此，马特峰的重量是21兆千克（总之就是在21后面加上12个0）。当然，为了计算方便，这里不包括岩石里的缝隙、水分以及150多年来涉足这座山脉的山峰、山壁的人遗留或遗失的钉子或登山器材。

为什么月球上没有山脉?

太阳系的所有行星都经历过初期阶段，这个阶段的行星处在熔融状态，或至少呈部分熔融状态，随后迅速冷却，在行星表面形成一层硬壳，即岩石圈。然而，某些行星的内部仍持续发热，某些放射性元素衰变，让行星得以保存热量。而正是星球内部熔融物质的流动导致随后的冷却，并促成板块及板块构造机制（即地球表面的变形）的形成，而最终促成山脉形成。太阳系的每颗行星都有一个属于自己的故事，但地球、金星、火星（很可能还包括水星）一类的行星具有某些特性，因而得以保存足够的热量，其内部有熔岩。不论是金星还是火星都经历了一些类似于地球的机制，但这两个星球与地球有所不同，并未显示出任何板块构造的迹象。因此，我们所居住的是一个非常特殊的星球，唯一一个至今仍然拥有大陆板块运动以及具有造山运动的星球。

严格来说，木星的欧罗巴卫星似乎也有一种类似地球的板块构造机制。这颗木星的天然卫星的表面被冰层覆盖，下面是浩瀚的海洋，但我们知道，这只是当今科学所能发现的（或许未来也将如此，因为我们对于木星和太阳系的其他行星所知甚少）。

月球已失去其内部的热量。它是一颗寒冷的星球，有些人甚至称它为一个已死的天体：月球上没有活火山，没有在熔融的地幔上流动的岩石圈板块运动，月球呈现静止且冰冻状态至少已有30亿年以上。总之这里不像地球那样，具有各个大陆之间的撞击，使我们经历地震，观察山脉的形成。板块构造是促成山脉形成的必要条件，而尽管月球上也曾经发生过火山活动，但它呈现休息的状态至少已超过30亿年。

第四章

山脉何时退休

如何计算山脉的年龄？

在人类文化演进的过程中，人类很早就开始对山脉的年龄感到好奇。我们只需要看一看山脉时而错综复杂、时而幽暗但总是威风凛凛的形貌便能推断，它们必定非常非常古老。然而，从文艺复兴时期一直到18世纪，假使你向一位农民或学者询问山脉的年龄，他们会回答，这些山脉大约有6000年的历史，即相当于圣经研究所估算出的创世日期。

直到18世纪初，人类才再度挑战圣经关于地球史的看法，圣经不再被视为科学文本。接近18世纪末的时候，人们已经很清楚，地球的一生充满着沧桑巨变，促成山脉形成的事件应该比圣经上所描述的复杂得多。

然而，百年的历史不可能在几十年间被消灭。当时甚至有不同的学者团队为此剑拔弩张，各自提出一套理论，用来解释大陆、山谷和山脉如何形成以及山上为何会出现海洋生物遗骸（化石）的谜团。在众多的团队中，最激动且好战的是所谓的灾变论者和渐变论者。灾变论者不相信上帝惩罚人类而降临的大洪水只发生了一次，认为有一系列周期性发生的大洪水，颠覆了地表并将沉积物、岩石和化石携带至山顶；而渐变论者则认为致使大陆形成的自然程序在极为漫长的一段时间里（即我们现在所谓的地质时间）渐进地发生，才会演变成今天我们眼前的模样。

在这场地质研究的争霸赛中，在多次激烈的学术论辩后，历史最终肯定了后者的理论。多亏德国科学家阿尔弗雷德·魏格纳于1912年提出了大陆漂移理论，大陆起源的真正动力才为人所知（而当时的科学界对这个观点持怀疑态度）。

是的，那是极为漫长的时期，但究竟有多长？为了断定岩石的年龄，地质学家采用两种方法：绝对年代与相对年代。前者提供一个绝对的数值，通过放射性定年法，亦即利用矿物所含的某些元素的天然放射性，以计算并断定岩石确切的年龄。一些不稳定的同位素发生衰变转为稳定同位素的时间为一常数，而这个特点使得那些元素好像一种“天然的地质时钟”。岩石形成的瞬间，比如说，当地壳内部的岩浆凝固形成花岗岩时，此种放射时钟便被启动。凝固的那一刻对应着0时，因此，从那一刻起，衰变的现象便记录着时间的流逝。对于地质学有用的同位素的衰变期长达几千年，有时甚至长达几百万年。举例来说，这些同位素包括衰变为氩（^{40}Ar）的钾（^{40}K），其半衰期（即一半的不稳定同位素衰变为稳定同位素所需的时间）约为10亿年，因此可用于检测年代极为久远的岩石。的确，半衰期为我们所提供的年代测定可用于非常特定的技术。

此外，还有其他同类的方法，例如，利用铀衰变为铅的时间去计算古老的矿物质的年龄，铀元素的半衰期为数百至数千年，也可能长达数十亿年（几乎等于回溯至地壳形成的那一刻）。

另一种放射测量的技术则利用的碳-14（^{14}C）同位素衰变为碳-12（^{12}C）稳定同位素的现象。相较于上述的几种方法，此种技术被用来测定年纪较轻的岩石（其半衰期约为5000年，被用来测量年纪约为几千年左右的测量对象）。

这个方法（放射性定年法）利用每种生物一生当中摄入体内的碳元素进行测量，举例来说，人体的骨骼或软体动物的外壳皆由碳元素形成。这座自然之钟会在生物死亡的那一刻，无论是动物或植物亦即生物停止通过呼吸或进食摄取碳的那一刻起，再次被触动。生物可能被保存在岩石里的一切都可以拿来进行年代测定。此外，地质学家还有第二种测量岩石年代的方法，即相对定年法，我们无法利用这种方法得知生物的绝对年龄，但可以借此判断一块岩石是否较另一块岩石年轻。举一个很简单的例子：假使我们在含有人类远古祖先遗骸的岩层之下发现了含有恐龙化石的岩层，便可以推论出位于下方的岩层比上方的古老。就算我们一般人也能推论出。在过去的两个世纪里，地质学家为从生命创造之初到今日的成千上万种化石（动物和植物的）分门别类，用以重建从古至今各个地质事件发生的顺序。这种方法甚至能被用来重建复杂的地质事件，例如，若出现含有恐龙的化石遗骸的岩层位于含有人类祖先遗骸的岩层之上的情况时，我们便可由此推断，在恐龙出现在地球以前曾有更为古老的人类文明，由此改写整个地球进化史，或较为可能的是，某次地质活动颠覆了该地区的岩层。

看不见的山脉：南极洲的山脉

在所有的大陆当中，南极洲是最后一个为人类所探索的区域。直到18世纪的中晚期，航海图上的南极洲都只是随便地被勾勒一下，有时画在这儿，有时画在那儿，而且往往画错，因此每艘航行过南方海洋的船只回国时都会要求制图人员重新绘制南极洲的海岸线。也难怪南极洲是所有的大洲之中最不为人所认识的。一般大众对于它的印象是——一个完全被厚厚的冰盖所覆盖住的大陆。这个印象并不完全准确，因为南极洲上其实还有一些气势磅礴的山脉，其中的一些山脉像岛屿一般冲破冰盖冒出地表，其他的则被冰封在海面之下。甘布尔泽夫山脉便是其中之一，直到最近，科学小组使用一种雷达，其信号能穿透冰盖，并在遇到岩床时反射到安装在特定的飞机上的传感器，甘布尔泽夫山脉才为人所发现。有了这些工具，科学家们能越过冰盖，并对隐藏在厚重冰层下的岩床进行一种类似于X射线摄影的拍摄。科学家原以为甘布尔泽夫山脉高度中等，并且在被冰覆盖前几乎已被夷为平地，但最近科学以虚拟的方式掀开了东南极冰盖的一部分，发现甘布尔泽夫山在高度上其实不亚于阿尔卑斯山。科学家沿着山脉发现了山峰、山谷，以及高达2400米的高山。不止如此，他们还发现了河流与湖泊，在冰盖的压力之下，位于岩床几处的水体因凝固点下降而得以保持液态；而著名的沃斯托克湖正位于此，不久前才由俄罗斯团队钻探抵达。然而，并非所有的南极山脉都隐藏在冰层之下。文森峰，南极大陆的最高峰，属于绵延360千米长的埃尔斯沃思山脉，其海拔高度为4892米，占据南极洲第一的位置。

山脉的结局：随着时间被夷为平地的古老山脉

滴水可以穿石，此话言之有理。由于侵蚀或化学溶解，滴水的确能穿透岩石，雨水也不例外。导致山脉消失的因素很多，但最主要的是主宰地球上一切现象的伟大力量——将所有的物体往地心方向牵引的地球引力。

因此，一座山的命运便是一点一滴、一片一片地分崩离析，高度因而降低。石块、石头和泥沙不可避免地滑落至山谷，接着进入河流或湖泊，并继续向前，抵达大海。我们只能顺其自然，尽管山脉的消失需要花上很长时间，但其也只不过是地球上的短暂现象。

因此，先是地球运动制造了山脉，接着，山脉被侵蚀，最后，山脉的岩质成分被运送到大海里。泥土与石头的运送，由大自然经营的这家“大企业”提供免费服务，如空气（使落石由悬崖峭壁上坠落）、水（如将鹅卵石携带至山谷的溪流，以及将泥沙携带至河口的河流）、冰川（是这些力量中最强大的，它们可以不费吹灰之力便能将大小物质一块卷走），还有风（风比较细腻，它虽然搬不走巨石，却能将碎石和粉末携带到非常遥远的地方）。

导致山脉消失的因素有许多种，有摩擦岩石而将砂粒吹走的风，有短时间内便能改变山坡形状或河川走向的山崩，还有冻融循环（其中，液态的水渗入缝隙结冻，并在由液态转为固态的过程中体积增大，使得缝隙内的压力升高，最后导致岩石的一部分脱落，坠落或滚落至山谷中），最后还有借助流水在山脉间挖掘峡谷与山谷的河流侵蚀作用。

因此，不难明白，这一切跟我们盖成了沙堡之后观察到的种种现象颇为相似。只要小心维护，沙堡便能支撑一阵子，然而，一旦我们放弃不管，风、雨水和海浪便会接手，将其夷为平地。

但是，侵蚀作用是以何种速度进行的？这个问题会比较复杂。观察一个沙堡崩解的速度是一回事，估算阿尔卑斯山、喜马拉雅山或任何一座山受侵蚀的速度则又是另一回事了。

尽管如此，科学家们已经尝试过了，而他们至今仍继续试着估算山脉的侵蚀率。他们可以观察溪流和河流所携带的物质、岩壁毁坏的速率，以及花岗岩之类平坦光滑表面的消耗速率。

地质学家将时间拉长，试着估算山脉的侵蚀率。让我们以阿尔卑斯山为例：通过计算阿尔卑斯山区（较南的波河平原以及较北的莱茵河、罗讷河和多瑙河盆地）沉积物的数量，科学家们推算，阿尔卑斯山在100万年内以每年0.5毫米的速率受到侵蚀，有时侵蚀率甚至会高达1毫米。

听上去不多，是吧？然而，如果参照地球的步调，我们就会发现，这个数值其实相当可观。假使阿尔卑斯山没有持续增高，那么，100万年之后它便会减少1000米，而在400万年之后，它就会变得比一座丘陵高不了多少，而我们知道，400万年对地球而言根本微不足道。

不过，别担心，阿尔卑斯山目前仍逐年增高，而且增高的速度还很快，约为每年1毫米，所以到目前为止，结余仍不是“赤字”：地壳向上隆起的力量仍高于各种侵蚀山脉的力量，尽管只高出一点点。

喜马拉雅山的高度更是在不断地增加，那里的侵蚀作用也更加明显，据估计，在最近的100万年里有每年2～5毫米的侵蚀率。尽管如此，某些在西藏以全球定位系统完成的研究指出，山脉仍持续增高，辽阔的青藏高原里某些地区增高的速率足足有每年16毫米之多。这个地区也一样，到目前为止，其山脉的增高率大于侵蚀率，即呈正增长。但这一切并不会永远如此（至少在地球的历史上是如此），因为地形其实是一种平衡游戏的结果。一座山脉愈高，坡度愈陡，岩石也因而愈容易破裂，其侵蚀率以及山脉被夷平的可能性也会因此增加。

也许有一天，促使板块挤压的力量会停止作用，那时，风、雨水、冰川和河流的侵蚀作用将不受干扰。这正是美国的阿巴拉契亚山脉所遭遇的情形，这座古老的山脉已进入老年期，因侵蚀作用，形状渐趋圆润。澳大利亚的弗林德斯山脉也有着同样的遭遇。自5.4亿年前隆起为山开始，这座山逐渐被侵蚀，最终只有目前这个中等的高度。更别提摩洛哥的小阿特拉斯山脉了，这座山脉有超过3亿年的历史，原本可能比喜玛拉雅山还要高。现在，这座山脉正经历侵蚀作用，很快（当然，这里说的是地质时间）将被夷为平地，被平原的土壤覆盖，然后消失。

有个性的山脉：培雷火山

并不是所有的山脉都和上述山脉那样，通过缓慢的程序和漫长的地质时间才形成。的确，谈到所谓的闪电山脉，即那些几乎可说是刹那间形成的山脉，最佳范例大概就是培雷火山了。这座火山位于安的列斯群岛的马提尼克岛上，它的故事令人相当震惊。

那是1902年，当时马提尼克岛上的一座休眠火山恢复活动，岩浆从岩浆房深处开始朝着火山口的方向上升。在火山口的地方，岩浆与熔岩（火山喷发后，气体散逸的岩浆称为熔岩）的质地甚为黏稠，类似于常见于壁炉和火山口一带的那种沸腾的泡沫，就好像一瓶塞得很紧的气泡酒一样，瓶盖附近有许多泡沫，而泡沫下面则有一个由气泡酒构成、压力不断攀升的岩浆房。如此黏稠的岩浆往往会阻塞管道，唯有当压力冲开“瓶盖”，火山才得以喷发，展现其猛烈的爆炸力量。所以说，1902年时，火山深处的压力顶起了一个极其黏稠的熔岩瓶盖，形成了仿佛是一座300米高、一体成形的巨大方尖碑，俯瞰滨海的圣皮埃尔。初诞生的培雷火山矗立在海湾边，是一个真正的地质奇迹，但不到一年的时间，它便因本身的重量而崩毁。这次火山爆发致使一座城市完全毁灭，29000名居民丧生。夺走受害者性命的是火山碎屑流，即炽热的喷发柱像雪崩一般沿火山的斜坡而下的现象（这与庞贝城毁灭的现象非常相似）。此种由火山灰和岩石所组成的火山云在短短的几分钟之内以一种骇人的力量席卷并烧毁其经过的一切。

图12　培雷火山：闪电山脉

世界上最古老的山脉

简单地说，事情是这样的：如果说地球的岩石可以用古老来形容的话，山脉则可以说是年轻的。

让我们从岩石说起吧。根据不时发现的结晶体，地质学家会将地壳形成的年代往回推上一两千万年。根据最新的说法，最古老的岩石形成于43.7亿年前，这块锆石结晶来自于澳大利亚地质稳定的杰克山岗（一个不受造山运动或地震影响、地质意义平静的地区）。话说回来，也不会有其他的可能性，因为此类晶体是古大陆地壳岩石的证据，当然不可能出现在喜马拉雅山和安第斯山一类的山脉里。的确，造山运动产生的高压与高温重塑了地壳，而且往往破坏了更古老的地质特征。因此，最古老的岩石出现在大陆板块中地质较为稳定的区域是很正常的，如澳大利亚、南极大陆的某个部分、加拿大、格陵兰岛以及西伯利亚的某些区域等，总之，就是在地壳变迁的过程中那些未受干扰的区域。

此外，这些古老的晶体也证明了原始地壳很早便已形成。的确，地球的年龄约有50亿年之久，距今43.7亿年的锆石结晶见证了大陆型的花岗岩地壳，这与现存的地壳很相似，并在地球形成不久后便已存在。

另一方面，最古老的山脉辨识起来就比较复杂了。它们注定要被时间所侵蚀（也可以说，地球在重力的作用之下渐渐成为表面均匀平坦的球体；天气的因素也侵蚀并移动地表的各种物质），因此，最古老的山脉想必只会留下蛛丝马迹，就像是地表上一道古老的疤痕。从外形上看，它的棱角并不突出，饱受侵蚀，像一座古建筑的废墟。位于加拿大领土北部的几座丘陵或许是目前最古老的山脉了。这里说的是艾加斯塔片麻岩，通过放射性定年法，地质学家检测出这座山脉有40.3亿年的高龄。艾加斯塔片麻岩原本是坚固的花岗岩，在后来的造山运动中变成为片麻岩。艾加斯塔片麻岩形成的这段时期被称为冥古宙（地球地质史上最古老篇章）。当时，地球正从一个被各种陨石日夜轰炸的混乱状态向今天我们面前的样子过渡。如今，只有从这些古老事件的遗迹中我们才可以体察到亿万年的地壳变动。

有个性的山脉：艾尔斯岩

艾尔斯岩（澳大利亚土著人称它乌鲁鲁）告诉我们山脉如何老化，那些物质随时间被侵蚀而消失，而且还告诉我们这一切与卡塔丘塔的形成有关。卡塔丘塔是艾尔斯岩附近的另一处重要的景点。这座山脉是澳大利亚最著名且最具代表性的景点，大约形成于6亿年前。当时，几块大陆地壳融为一体，形成了当今的澳大利亚大陆。

这一切当然是在地质的摩擦与碰撞之下发生的。更精确地说，随地壳间的冲撞，一座可能跟阿尔卑斯山一样高，甚至比它还更高的山脉诞生了，地质学家将其命名为彼得曼山脉。

然而，这些山脉后来在很短的时间内遭到破坏和侵蚀，或许是因为当时还没有可以延长它们寿命的树木和植物。

侵蚀产生的沉积物堆积在周围的盆地，随着时间形成了沉积岩层（乌鲁鲁和卡塔丘塔便是由沉积岩层构成）。这些岩层在新的板块构造运动中被扭曲，就好像一块两侧受挤压的地毯那样，形成了典型的波浪岩。

在乌鲁鲁，水平沉积的岩层甚至被垂直推起。如果在夜间，我们可以从它影子中看出其纵向的分层。从飞机上可以看到这些弯弯曲曲的遗痕，如今因侵蚀作用已没了棱角。

除此之外，这座山脉几乎没有遗留下什么，侵蚀作用正慢慢抹去地表上有关彼得曼山脉的一切痕迹，山脉的岩石沉积物变成碎屑后，被水带走。乌鲁鲁和卡塔丘塔都是通过这种方式而形成的，从地质学上说，它们最后的归宿也很相似。这两座丘陵彼此相距很远，但在地下却是一体的，属于同一个岩层，该岩层被扭曲、折断、带到表面，接着被侵蚀。

图13　卡塔丘塔

图14　艾尔斯岩

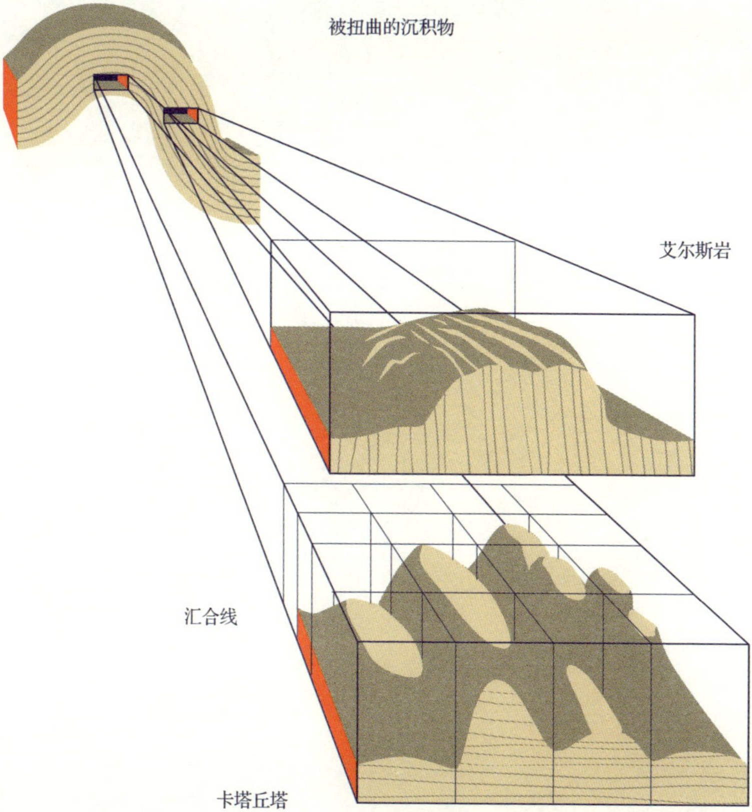

图15　垂直分层（艾尔斯岩）和水平分层（卡塔丘塔）的沉积岩剖面图

第五章

那座山究竟有多高？

前人如何估算山脉的高度？

曾几何时，欧洲人认为诞生出最长的河流的山便是最高的山。此种推论的方式自有其一套——可以说是美学上的逻辑。于是，意

有个性的山脉：马特峰

马特峰绝对不可小觑，它也拥有一段颇为惊人的故事。这座山原本是非洲大陆的一部分，后来在古特提斯洋闭合之后滑到欧亚大陆的某个板块之上。在中生代，古特提斯洋将两个大陆分隔开来。这两个板块大约在5000～4000万年前开始碰撞，该地带的古大陆岩石遭到挤压，

导致板块沉入特提斯洋的海床之下。这座锥状山脉底部的岩层部分来自海床，部分则源于欧亚大陆，山脉最上层1000米的岩石属结晶岩系（片麻岩），相较于前者不但年代较为古老，质地也比较坚硬。

马特峰的金字塔形山峰是强大的冰蚀作用的结果，与液态的水有所不同。固态的冰像巨大的推土机，在接触面上摩擦、抛光和挖掘。在最近的300万年里，阿尔卑斯山不断被厚厚的冰盖覆盖，但很可能有些山峰幸免于此，它们像是被冰洋包围的孤岛（现今的南极洲和格陵兰岛也有同样的现象）。

冰川损蚀各个山脉，沿着其山侧的岩身挖掘出凹地，最终形成了类似半圆形剧场的地形（地质学家称为冰斗），与未受冰川侵蚀的山峰形成了不同的景象。如果三条或三条以上的冰川沿着不同的方向切割山脉的斜坡，这座山脉便会呈金字塔形（德语的horn意为呈锥状的山峰，这个词再与地名结合，便能形成如马特峰Matterhorn、魏斯峰Weisshorn或阿莱奇峰Aletschhorn等名称）。如今，冰川几乎已全数消失，只剩下它们长时间以来挖掘出来的冰斗。而在马特峰，我们必须考虑这座岩质金字塔最上方1000多米的岩石（由非洲岩所构成），比山脚处的岩层（部分是海床，部分则是欧亚大陆的岩层）坚硬，后者被冰川以较轻松的方式侵蚀了，这使得这座金字塔形的山更显得形单影只。

大利人有很长一段时间都认为波河上游的维佐峰是阿尔卑斯山的最高峰。在同一时期，中国可能已经采用了较为精确的方法推算山脉的高度，但目前并没有可靠的证据。

在欧洲，与阿基米德同时代的埃拉托斯特尼（公元前275—195年）是尝试测量山脉高度的先驱之一。他的著作提到过测量一座不知名的山脉，其高度近10个斯塔德[①]（相当于1850米）。角度与距离（即几何学）如三叶蕨的倒影及其他与天体运动有关的技术（即天文学）是古人的偏好。一开始，学者们使用诸如日晷、星盘与窥管等天文和测绘工具。在埃拉托斯特尼之后的几个世纪里，许多希腊的思想家致力于测量伯罗奔尼撒半岛和马其顿地区的山脉，他们所估算出来的高度与山脉的实际高度相去不远。然而，从那时起一直到17世纪，人们测量山脉高度的兴致似乎渐渐降低，文献只记录了一些颇为粗略，有时甚至有点不着边际的估算。因此，有关地貌的测量和描绘（即大地测量学）沉寂了一段时间，期间并没有任何显著的进步，至少在山脉测量的方面。

然而，在17～18世纪间，科学家们突发灵感，认为大气压力可能是决定山脉高度测量的关键。随海拔增加，气压会呈规律地递减，这可以用来测量山脉的高度。水的沸点也会随着气压变化。

就这样，在1786年，日内瓦物理学家奥拉斯·贝内迪克特·德索叙尔说服了一些山民登上勃朗峰，这是有史以来的第一次，他本人也于1787年在当地山民帮助下登上（或说是被抬上）了勃朗峰，带队完成了史上第一次具有明确科学目标的登山行动，并根据气压计，测量了山的高度。该次测量相当精确：只比实际海拔4810米低了251米。

19世纪出现了新的测量工具，而且愈来愈精确。三角学的运用为地理研究带来了长足的进步，人类终于准确地测量了地球上许多重要山峰的海拔高度。经纬仪是测量山脉高度的工具，这个仪器直

① 注：古希腊测量长度的单位，每个斯塔德约为600步。

至20世纪下半叶都被广泛运用于大地测量。原则上说，知道了某一点与山顶间的距离，便可以根据水平面和山顶的夹角推算出山脉的高度；而我们只要用一个良好的工具对准山顶，便可测量出该夹角的度数。

举例来说，尽管地理学家在珠穆朗玛峰10千米外的某一地点，他们仍可以测量出极为准确的高度，真是令人惊叹。英国的军事工程师们测得了8840米的高度，只比现在利用全球卫星定位系统测得的高度少了不到10米。山脉的高度是相对于海平面而言的，因此，我们可以想象，效命于英国女王陛下的那些军事工程师从印度和巴基斯坦的海岸启程，一步步地在汇成密集网络的各定点测量，逐渐深入到大陆深处，来到喜马拉雅山脚下，接着进入山间的各个山谷，沿着珠穆朗玛地区的山谷登高，直到抵达最后一座山峰——珠穆朗玛峰的山脚。根据测量，珠穆朗玛峰是地球第一高峰。

……而如今

想知道一座山的高度，拿着一支高度计爬到山顶，这个方法再简单不过。高度计，简单地说，就是通过测量空气压力来计算高度的气压计，其工作原理与显示气压变化的传统家用壁挂式的温湿度气压计非常相似。气压有规律地随海拔增加而递减，所以，在某一个高度放置高度计后（比如缆车所在的某一点），我们抵达攀升的终点，在顶部测量到的气压会与海拔高度成比例。如果有办法登上山顶，尤其是能在相当短的时间内登上山顶，这便是再容易不过的测量方式了。的确，高度计受气压变化的影响，因此，若等待时间过长，天气变化，高度计显示海拔高度就会有很大误差。

依赖全球定位系统是最好的做法吗？

是不是说我们最好信赖不受任何降水影响的全球定位系统（GPS）？全球定位系统技术如今广泛应用于汽车导航系统，不过，除了帮你找到离你最近的超市之外，它可以做的事可多了。根据卫星发射出的无线电信号抵达全球定位系统装置所需的时间，我们不仅可以知道所在地的地理坐标，而且也能测算出所在地的海拔高度。

所以，可以再次来到山顶，即使高度计因为逐渐接近的巨大云层失灵，全球定位系统装置也会提供精准的海拔高度。

但是，要注意，假使大气压力还算稳定（就这么说吧，两天以来都是晴空万里，天气预报也说明天天气会持续稳定），那么，现代化登山用的高度计其实比全球定位系统装置来得更精确。高度计提供的高度误差值约在5米之内，而全球定位系统装置则有大约10米的误差值。

然而，尤其是在高度的精确测量方面，现在的做法是使用足以确保精度在厘米之内，有时甚至在毫米之内的差分全球定位系统。此种技术将在位置（即经度、纬度和高度）已精确测定的已知定点上配备一台特殊的全球定位系统装置，作为基准站，就好像夜里的灯塔一样。差分全球定位系统被用来修正已安装在山顶的全球定位系统装置所接收到的信息。它和在山顶处安装的全球定位系统装置一样，也记录了卫星发送回来的“几乎完全正确”的信息，但这台装置能根据其所在的位置修正便携式全球定位系统所接收到的数据。

除了上述工具之外，我们也可以使用航拍或卫星技术测量山脉的高度。然而，尽管山脉坚固、厚实和稳定，它们的高度至今也不断引起争论。例如，要计算勃朗峰的高度，我们究竟应该从它那白雪皑皑的山峰——也就是你们雪靴下踩着的地方开始计算，还是应该从山的岩峰处——即埋藏在两米深的冰雪之下的山峰算起呢？科学家将雪和冰的厚度也纳入测量的范围，但也有人认为高度理应从岩峰的部分算起。

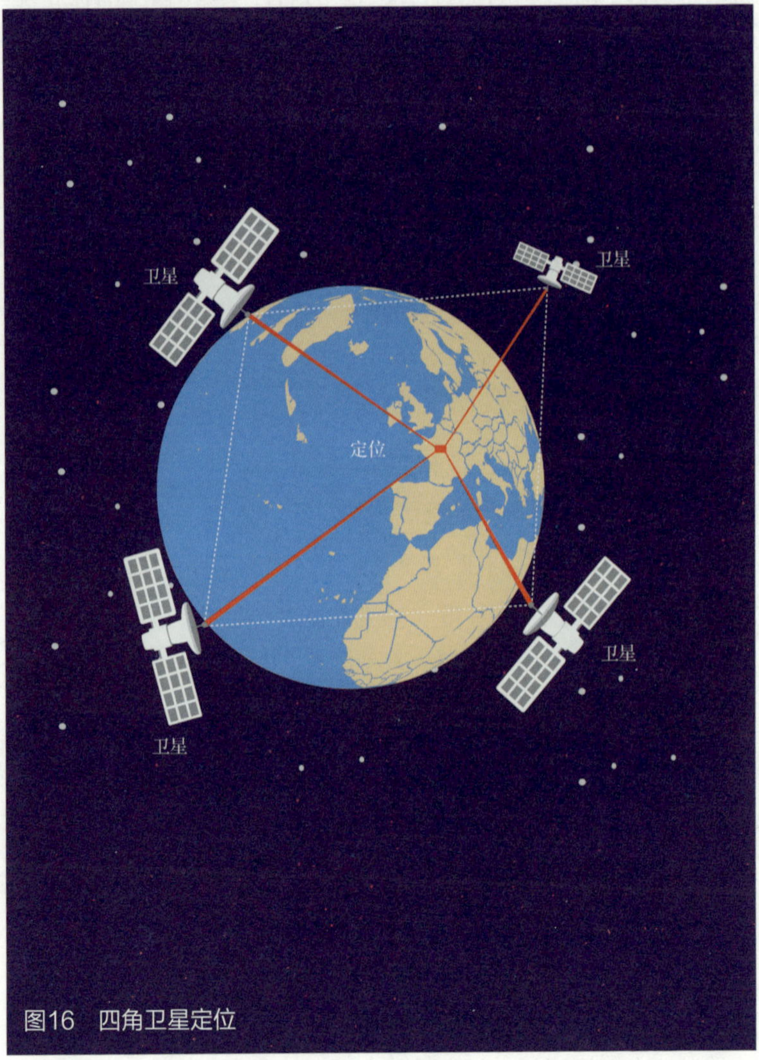

图16　四角卫星定位

山脉的内部

LE MONTAGNE DI DENTRO • LE MONTAGNE DI DENTRO • LE MONTAGNE DI DENTRO •

第六章

岩石及其循环

山脉的构成：岩石的循环

山脉由坚硬的岩石构成。山脉的寿命虽然很长，但仍是有限的，因为风、雨、冰雪，甚至温度和生物圈的种种变化，都在一点点减少山脉的寿命，将其夷为平地，将一切再次带入山谷，或将它们以沉积物（淤泥、砂、砾石）的形式携带到大海中。因此，山脉的最终结果与其岩石密切相关，而岩石的最终又意味着一种重生的过程，因为沉积物可能会变回岩石，再度形成山脉。

构成山脉的岩石是地质循环的一部分。以岩浆或熔岩为起点，形成了所谓的岩浆岩：玄武岩是火山岩、岩浆岩的一种，地质学家称其为喷出岩；此外，还有地壳内的岩浆凝固形成的花岗岩，是一种侵入岩。一旦抵达地表，无论是喷出岩（又称火山岩，因为这种岩石是火山熔岩凝固的结果）或者是侵入岩（又称深成岩，因为这种岩石的诞生与山脉的诞生一样，都是板块运动的产物）都会因各种风化作用成为沉积物，最后被带至湖海中。此时，它们可能以沉积岩（比如说砂岩）的身份经历第二段生命，因为砂和砾石可以再度胶结而形成新的岩石。但岩石的循环不只如此，因为这三类岩石也可能返回地球的深处，被岩石圈所吞噬，该处的高温以及难以想象的高压可能会将它们熔化，回归到原始的岩浆状态，或将它们转变为岩石家族里的第三岩石，即构成地壳的变质岩。总之，这些岩石可能被粉碎、加热（但未被熔化），最后发生变形而变得难以辨识。

岩浆岩最后可能会变得跟原岩截然不同，后者往往是由全新的矿物质构成，然而，至少就化学的角度而言，岩浆岩衍生自原岩。

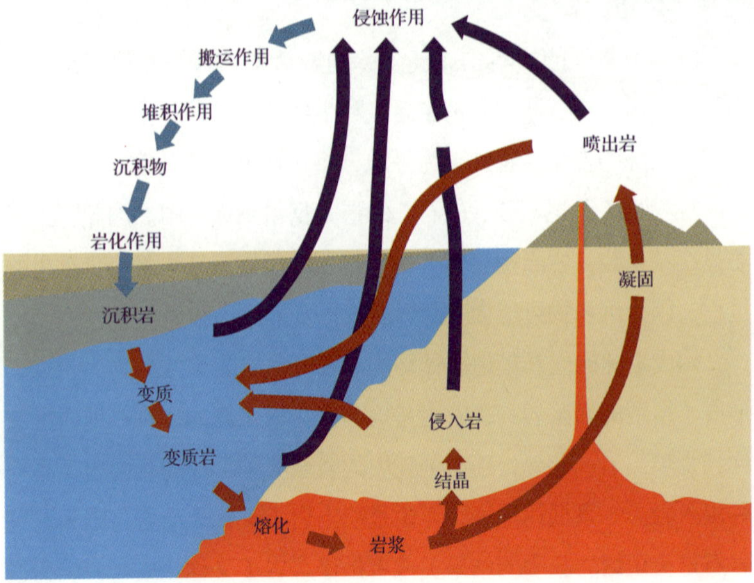

图17　岩石的循环

由火而来的岩石：岩浆岩

现在，让我们努力地想象一个画面：巨大的岩浆气泡从地球深处——更精准地说，是从地幔不断冒出。

岩浆侵入（侵入岩的名称由此而来）后，在地壳的空隙或裂缝停留下来，开始降温冷却。必须强调，所谓的冷却是历经数千年的时间，从最低650℃到最高1200℃左右的逐渐降温的过程。一系列的岩浆侵入到其他岩浆的周围、上面或内部，慢慢冷却后形成山脉，不同的矿物质也随之形成。

以巴塔哥尼亚的百内塔为例。这座坚硬的花岗岩所构成的山便是岩浆侵入的产物。安第斯山脉的核心地带在40000～90000年的时间曾多次经历岩浆侵入，后来隆起而形成了这些一体成形、令人印象深刻的塔形山群。当它“平静”的时候，或者更确切地说，当它被隔离在地壳内部时，假使发生了大规模侵入，绵延好几千米，岩浆可能至少100万年的时间才能冷却。相反，假使是较为温和且表层的侵入，便需要数千年的时间，而更轻微的、只有数百米的侵入则需要200～300年的时间。在岩石的形成过程中，时间是一个基本的因素，因为唯有通过缓慢的冷却才能形成规则晶体，它们通常可以直接由肉眼识别。因此，我们可以将矿物形成的方式简短地总结为：假使有充足的时间，便能形成漂亮且结构完整的晶体，假使时间不充足，则会形成较小的晶体（甚至可能形成无定形的玻璃，玻璃是相当快速的冷却过程的产物）。

相反，侵入地壳的岩浆若达到地表，则会导致喷发，岩浆所含的气体被迅速释放到空气中，几乎可以说是瞬间结晶。接触空气后，原子快速冷却，无法排列为有序的结构，形成结晶。的确，这种情况下形成的岩石可能与侵入岩的成分非常相似，但它们会形成喷出岩，而且具有玻璃的结构（比如说，黑曜石），而它们的晶体将无法为肉眼所辨识。有时我们肉眼就可以看到，岩浆上升或停滞的过程中形成的晶体被嵌在某种玻璃物质里，像意大利圣诞节水果面包里的果干。

二手的岩石：沉积岩

岩石遭到磨损、侵蚀是迟早的事。它们像其他所有的物体一样受地球引力的影响；另一方面，有些“自然力”负责从山坡或岩峰将物质搬运到所能抵达的最低处。（液态的）水可能是上述自然力当中最普遍的一种，水以雨水、溪流和河流的形式让各种块状物、砂砾和泥沙远离山脉；然而，风和冰的贡献也不容小觑，它们也各尽其能。后来，这些搬运各种物质的运动介质，也许是搬累了或者是过于虚弱而无法继续，就开始沉淀和堆积，三角洲、湖泊和海洋便是这样形成的。如果沉积物保持静止的时间够长，同时伴随某些特殊的物理化学条件，碎石、砂、淤泥和黏土便能转变为岩石。当然，那会是一种坚硬的岩石，因为它由一种渗入沉积物的孔隙并将其颗粒黏合起来的物质凝结而成，其过程与制砂浆颇为相似。有时候，比起随它跋涉数十、甚至数百千米而抛在身后的花岗岩（或说其母石），以此种方式形成的岩石其坚硬程度不相上下。

这些岩石往往呈现出层理。沉积物好像笔记本一页一页叠在其他沉积物上面，而由此诞生的岩石则保持了此种原始的层理，在某些特定的情况下，甚至会保存某些原生环境特有的形式。

要我举个例子吗？由宽广的沙滩上的细沙所形成的岩石颇为常见，此种岩石在海潮的作用之下而具有波纹，这种特征通常因水流经过沙滩而形成，并在沉积岩上保存下来。对于地质学家而言，这是一个非常重要的线索：眼前这个遍布咖啡店和民宿的迷人的中世纪村庄，从前或许是一片海滩。此外，波纹也会指出海潮的流向，以及内陆和古老的海洋所在的方向。

深入调查后，地质学家可能会告诉各位，你们现在喝着卡布奇诺的这个地方曾是一片大海，沙滩原本在稍远的地方，当时这里有海潮和许多其他的东西（假使那位地质学家还在岩石里发现了一些化石，这一切就更加清楚了）。

的确，沉积岩的另一个特点便是含有化石。当然，并非所有的沉积岩都含有化石遗迹，然而，我们绝对不会指望岩浆岩或变质岩里会有化石。

沉淀的岩石

不，我们所说的不是落石，而是沉淀的岩石！在化学上，沉淀指的是从包含固体物质的溶液中析出固体物质的过程，通常导因于环境中的某些变化，例如蒸发。

为了便于大家接受，我们以海水和海水所含有的盐（氯化钠）为例。将一只装有海水的杯子放在阳光下，我们会观察到水的蒸发。接着，水中的氯化钠开始逐渐饱和，因为其间溶液不断因蒸发作用损失水分，但并没有损失氯化钠。饱和达到极限之后，盐开始沉淀，形成美丽的结晶，一旦水分蒸发殆尽，我们便会在杯底发现薄薄的一层因化学作用而形成的沉积岩。没错，我们在玻璃杯里制造了岩石，更确切地说，是一种极为易碎的微晶构造岩石！

在化学溶液中，除了氯化钠之外，还可能形成白垩、石英、方解石等沉淀物，其他许多种矿物质也可能以这种方式形成。隶属于这个家族的岩石被称为蒸发岩，而我们绝不应小看蒸发岩，因为它们绝不只是在玻璃杯里形成的矿盐薄层，或在家中浴室里形成的恼人结垢。

大约在6万年前，地中海脱离大西洋，而其海水在几千年的时间里蒸发迅速，一大部分的海因而转变为一个巨大的盐田。这场货真价实的地质灾难导致蒸发岩沉淀（主要形成矿盐与白垩），其厚度高达2千米。当直布罗陀海峡重新打开时，这些岩石为海洋沉积物所掩埋，如今，在意大利半岛、利比亚以及地中海盆地沿线，厚厚的海洋沉积物下还能找到它们的踪迹。

回收的岩石：变质岩

现在，让我们试着压碎一块岩浆岩或者沉积岩。什么也没有发生，是吧？然而，当某个岩石圈的一块岩石刚好被夹在两个相互碰撞的大陆之间，它很可能会下沉，甚至被高温加热、压缩，它的矿物质结构和化学特性就会发生剧烈的变化，于是在特定的温度和压力之下产生了新的矿物质。岩石的外观彻头彻尾地改变了，地质学家必须研究组成岩石的矿物质和它的某些特殊结构，才能了解它的原岩究竟是哪种岩石。

大理石是这个岩石家族中的一员，是广受欢迎的建筑或装饰用石材。它源自于石灰岩，但其外观与石灰岩迥然不同。在所有的大理石当中，最负盛名的也许是位于意大利托斯卡纳大区境内阿普安阿尔卑斯山的卡拉拉大理石了，就连梵蒂冈的圣伯多禄大殿里米开朗基罗所作的圣殇像——米开朗基罗的第一个作品，也是采用了这种与众不同的大理石。

达·芬奇弄错了：达·芬奇针对山脉内部结构所提出的几项“说不通的”假说

在任何探讨科学的文章里，很难不提达·芬奇（1452—1519）。即便是今日，可以像他一样观察入微的人也是少见的。他对各种自然现象提出了许多疑问，并试图解答，然而他有时也会作出严重的“误判”（是的，没错，不论你们相信与否，就连达·芬奇也有弄错的时候）。

达·芬奇问了自己许多问题，其中包括山泉的源头：源源不绝的泉水究竟来自何方？以下是他给自己的回答，这个答案也并非全无逻辑：地球是岩石和泥土组成的地块，其内部布满了“血管”，而地球的“血液”——水在

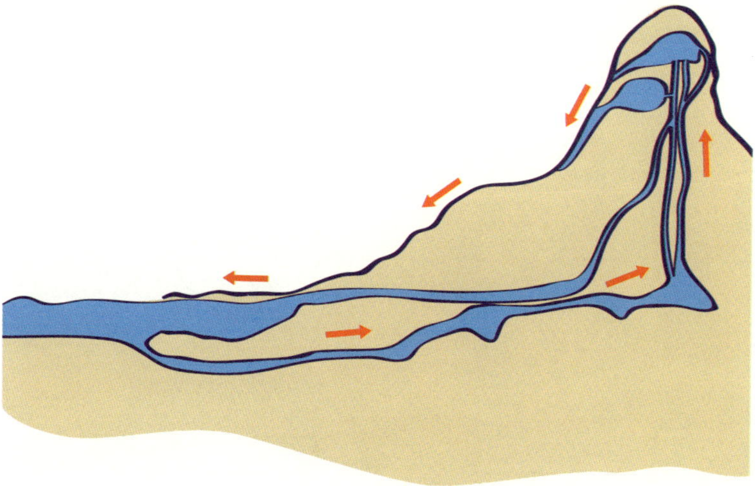

图18　山泉水的由来（达·芬奇的观点）

这些“血管”里川流不息。按照达·芬奇的理解，海水不断活动，是一种动态、活跃的液体，甚至能回流至岩质山脉的山腹之中，沿着密集的“血管”流回最高的山峰上，好像血液在人体内流动一般。这无疑是一个美好，甚至可说是极富诗意的想法，在达·芬奇的眼中，这也是一个绝对科学的观点。因此，他在著作《论水体的本质、重量与运动：莱斯特手稿》中再三描绘并强调了这个观点。我们或许认为达·芬奇这个观点太有诗意，但并非完全如此，因为不同于同时代的其他人，达·芬奇认为地球是个球体而非平面。因此，我们可以再次表示，达·芬奇这位博物学家和思想家的想法大大领先了其同时代的人物。

第七章

会盖房子的珊瑚和琥珀

会盖房子的动物与生物建造的有机岩（石灰岩和白云岩）

人类是群居动物，所以为自己建成群的楼房与街区，甚至是巨型都市。然而，我们并非自然界中唯一作出这样选择的动物，许多其他的动物也有这种行为。我们这里只谈珊瑚，特别是澳大利亚的大堡礁和马尔代夫群岛的珊瑚礁。

珊瑚礁是珊瑚虫构筑的巨型城市，这种海洋生物建成由碳酸钙构成的骨架（即外骨骼，一种生长于外部的骨架），一方面作为居所，另一方面则用来保护自己不被海浪摧毁。热带海洋是它们的理想栖息地，因为这里温暖（平均温度介于20～28℃之间）、高氧（大部分的珊瑚定居在距海面几十米深的地方，海浪的运动能保证提供充足的氧气与养分），以及水质澄澈（能够让与其共生的藻类获得充足的阳光）。

我们可以视珊瑚礁为一种典型的生态建筑，因为它们只需使用溶解在海水中的钙质，并将其固定在自己的骨骼上，便能建造出雄伟的礁岩。活的珊瑚在前几代珊瑚的遗骸上扩建它们的海底城市，可以说是活化石。

在过往的地质时代里，海洋中有许多巨大的珊瑚礁，它们后来形成了所谓的钙质岩，其中有石灰岩和白云岩。这两种岩石之间的区别在于，前者由碳酸钙所构成，而后者则是由碳酸镁钙的混合物所构成。

举例来说，在多洛米蒂山脉一带，我们可以找到此类岩石，这座山脉原本是一座非常古老且雄伟的珊瑚礁，后来形成岩石，随着阿尔卑斯山造山运动而隆起，来到当今的位置。三牙峰、奇韦塔山和克里斯塔洛山是多洛米蒂山脉最著名的几座山峰，多洛米蒂山脉是以法国地质学家德欧达·德·多洛米厄（1750—1801）的姓氏命名，这位地质学家最早研究多洛米蒂山脉的特质及其山脉的矿物化学性质。

是的，曾几何时，原本的珊瑚环礁如今已成为登山者和攀岩爱好者的胜地。

在科尔蒂纳丹佩佐有海胆吗？

科尔蒂纳丹佩佐是欧洲的多洛米蒂山区最著名的旅游区，有着高耸的岩石峭壁，山脚下有大片的松树林：简而言之，这是一座高山中的高山。大约在2300万年前，其高耸的悬崖原本是平静的热带海洋中的珊瑚礁，那片古老的海洋便是我们今天所说的特提斯洋，它当时是一片生机盎然的海洋，其生物多样性很可能比我们今天所知的任何热带海域还要丰富。某些生物体的遗骸（特别是脊椎动物的骨骼、贝壳和无脊椎动物的珊瑚礁等硬质的部位）沉积在海滩和水湾泥泞的底部，然后被新的沉积物所掩埋。随着时间的推移，这些遗骸被流动的水体溶解，并被其他矿物质（通常是方解石）取代，然而，它们的形状却保留了下来，而沉积物则转化为岩石。

为了帮助理解，我们可以想象一块用来拓印掌印的石膏：你们留下掌印后将手移开，接着将液态石膏（由石膏粉与水调和而成的）注入模具，待它干燥之后，你便能取得手掌的化石印记。你可以把作品埋在附近的公园地面下，说不定1万年以后有人会在你家附近建立一座古生物博物馆，而你的掌印化石将成为展品。

但是，让我们回头看看多洛米蒂山脉，特别是科尔蒂纳丹佩佐。数百万年间，经历了沉积作用以及岩化作用并形成岩石，这些沉积物随阿尔卑斯山脉的隆起来到地表。此时，各种气候因素开始猛烈侵蚀岩石，最后即使在海拔2000米的高度，我们也可以看到数亿年前的生物化石——其中包括海胆、海绵、软体动物、腹足纲动物，甚至是藻类。天知道还有多少人类不认识的物种和化石仍被埋藏在多洛米蒂山脉的深处！

然而，对于古生物学家——那些研究过往的生命形式的专家而言，除了较为坚硬的部分之外（即骨骼），一只三角龙或随便一种古老鸟类足迹的化石也是不可忽视的。然而，皮肤一类的软组织或昆虫则较少被保存下来，因为它们的结构脆弱且容易腐烂，通常会在死亡后立即遭到破坏或分解。

但仍有例外，而这在自然界中很常见，比如在科尔蒂纳丹佩佐一带还能找到的琥珀。

这一切始于大约220万年前，当时海平面下降，珊瑚的生物建造工程也随之停止。这个地区的某些区块浮出水面，接着有时被甚为广大的蕨类植物和针叶林所覆盖，而沿海地区则形成了红树林。

无数的昆虫（甚至是细菌）被困在这些针叶树的树脂中。几年前，专家们在琥珀当中发现了现存最古老的蠓和蜱螨的遗骸。然而，此种发现极为罕见。一个国际科学家团队历经6年，研究了7万件琥珀滴胶，最终才发现了一只蜱螨和两只蠓。

达·芬奇的远见——有关化石的见解

达·芬奇因他的绘画作品或稀奇古怪的发明为人所熟知。他是现代科技的先驱，但他同样也是历史上最早的地质学家和古生物学家之一。在设计直升机之余，达·芬奇思考山脉的起源，甚至还探讨山脉的山脚和山墙处所寻获的海洋动物的神秘残骸。

他早已猜测到那些岩石可能是山脉经历侵蚀作用，以及后来沉淀作用和岩化作用（即沉积物转变为坚硬的岩石的过程），最后形成新的山脉的结果。总之，他早已猜想到岩石循环的原理。而大多数跟达·芬奇同时代的人根本想都无法想象这一切，他们坚信神创造了这个独一无二的世界，且这个世界至少会很平安无事，一直到末日。

达·芬奇观察到岩石具有层理（亚平宁山脉沿线和阿尔卑斯山山坡的美丽沉积岩往往有此外观）。对于跟达·芬奇同年代的人而言，化石不过是《圣经》里所提及的大洪水的最佳证据，而其他人则认为化石是岩石直接生成的奇特产物。会不会是某种类似海胆的东西？

但大洪水的说法无法让达·芬奇信服，因为他无法不去质疑，大洪水退去之后，去了哪里。然而，他也许忽视了一个小小的细节：奇迹未必要遵循物理学的定律。对于他而言，答案迅速清楚浮现：海洋生物的遗骸被其他沉积物覆盖，之后隆起为山。而他也在手稿里写道：我们应该假设如今是陆地的地方曾经是海洋。

另外，淹没化石的也许是许多次大洪水，这些洪水也侵蚀了别处的岩石。总之，达·芬奇已经认识到，《圣经·创世纪》里所描述的时代，并不能够合理解释自然界的种种现象。可惜的是，达·芬奇生得太早，他提出的理论无法为当时的人所理解。

有洞的山脉：岩溶地貌

我们可以通过两种方法进一步认识一座山脉：探索山坡、山壁和山峰，或者是致力于发掘山脉的内部。

进入某个山洞，欣赏里面壮观的钟乳石和石笋，其实就是在完成这项任务。如今，我们可以说，人类对山脉表面了如指掌，对于贯穿庞大山脉内部那个复杂的洞穴体系则仅仅探索了其中的一小部分。

举例来说，促成大多数陆地洞穴形成的化学溶蚀过程被称为喀斯特，主要作用于石灰石和白云石一类的钙质岩，也存在于火山岩洞或由其他岩石所构成的岩洞，但比较罕见。溶解在水中的二氧化碳使水的酸性稍微提高（形成碳酸）并使其更具“腐蚀性”，因此更能腐蚀那些主要由方解石（碳酸钙）构成的岩石。因此，岩石受到腐蚀，而水则获得了俗称小苏打的碳酸氢钙。接着碳酸氢钙又被水携带至较远的地方，导致碳酸钙的沉积，形成由上而下生长的钟乳石、由底部向上堆积的石笋、一层层厚重的石灰华，或者形成浴室里可以见到的那种水垢。侵蚀作用的效率取决于水的腐蚀性，而水的腐蚀性则主要取决于水温和溶解至水中的二氧化碳的浓度。

水渗透入微小的裂缝中，而如此简单的一件事可能是一切的起点，但正如塞内卡所说，10万年以内，滴水可穿透（或说腐蚀，喀斯特地貌即为一例）岩石，这种现象会延伸至很远，甚至侵蚀出一条地道，绵延好几千米长，宽度足以让一位探索其路径的洞穴学家通过。

喀斯特地貌风景宜人，很容易辨认。要找到真正的源泉并不容易，因为雨水渗入地下岩层的空隙和洞穴迷宫里，地表上则无踪迹。喀斯特水文，即位于地上和地下的水体的流域分布是最复杂的现象之一。唯有岩石的含水量已饱和或与隔水层有接触的地方才会形成泉水和溪流，而这有时会发生在离你们所在之处很远的地方。

举例来说，沉洞是喀斯特地貌的一种形式，沉洞是接近地表的洞穴突然发生内部塌陷而形成的圆形洞口。假如沉洞不太容易渗漏，沉洞处应能形成水塘，但是这些天然漏斗里的水分迅速消失在岩石缝隙当中。溶沟则是另一种喀斯特地貌形式，这种形成于地表、宽度只有几厘米、长好几米的锋利沟槽是岩层中的裂缝，有时很深，内部温度很低。

地下世界（希腊文hypogheios意为“在土地之下”）创造了多种纪录：包括最深、最宽、最长、最危险、海底的洞穴等纪录。这里我们暂且看看目前已知的（而我们必须强调这一点）最大的洞穴：中国贵州省的燕子洞，其洞内1080万立方米。想象一下，如果我们耐心地将其拆解，其体积相当于三座胡夫金字塔。然而，可惜的是，要进入这个洞穴并非易事，得穿过由众多洞穴所组成的一个漫长而错综复杂的迷宫。

图19　典型的喀斯特地形的剖面图

第八章

矿物之王

矿物之王——石英

地壳，即包覆着地表的一层壳，我们的房屋就盖在它的上面。地壳由46%的氧、28%的矽以及其他各种混合原子组成。高居最常见的前10种化学元素榜首的是石英，其化学分子式由两个氧分子和一个硅分子所构成：二氧化硅（SiO_2）。的确，人类所知的矿物高达3800多种，而每年仍有几十种新矿物为人发现（或以人工方式被制造出来），氧与硅构成一系列的矿物（硅酸盐），而这些矿物又含有各种化学元素。石英便是其中之一，有鉴于石英是一种如此普遍（地壳的12%由石英所构成）且著名的矿物，我们单独讨论。

棱柱状结晶（即菱面的立方体，各面均不是正方形）透明，具有长而美丽且尖端的金字塔形，非常雅致，是石英中罕见的种类。形状极为规则的晶体只能在某些非常特殊的条件下形成，也就是说，当含有形成水晶所必需的元素的饱和气体或液体通过或滞留在它是地壳中最常见的。

就如同每种矿物一样，原子根据井然有序的布拉菲晶格排列，晶格在空间中重复。晶格的几何形状也决定了对应晶面之间的恒定夹角。

石英的晶体结构为四面体：位于中心的一个原子被4个氧原子包围。

它坚硬而易碎；经碰撞很容易碎裂。

根据莫氏硬度（一种划分矿物硬度的科学标准），石英名列第7名：它比长石硬（石英会在长石上刻划出划痕），比黄玉软（黄玉会在石英上留下划痕）。钻石位居第10名。

其化学分子式为sio_2。

古希腊人认为石英是硬化的冰，称之为krystallos，现代水晶crystal一词则由此而来。

虎眼石、紫水晶、碧玉、玛瑙、玉髓和缟玛瑙都是不同种类的石英。它们的区别在于所含的杂质及决定其色泽和质地的化学元素或微晶矿物元素。

想用家里的烤箱使它熔化是不可能的：石英的熔点是1700℃。

石英两面受力时，会产生微弱的电位差（一面带正电，另一面带负电）。此种效应被以不同的方式运用在工业上，包括厨房的点火器（利用大的机械能来产生火花）。

紫水晶，因其晶格中的氧化铁而呈紫色，若被加热到300℃会变为白色，加热至500℃则变为黄色。不过，在X射线的照射下，它又可以恢复为紫色。

图20　石英

位于山脉心脏地带的奈卡矿
世界最大的水晶

墨西哥境内的奈卡矿的水晶是高15米、宽可达1米的巨大水晶柱。它是一个乳白色白垩块，纯度极高，有光泽。那些水晶似乎属于另一个世界，或许是氪星——漫画《超人》里的假想行星。奈卡水晶洞穴（西班牙语称之为Cueva de los Cristales）是近50年里最伟大的发现之一。这个传奇的故事弥漫着神秘和危险的气息。那些巨大的水晶藏在奇瓦瓦沙漠的一座山脉里，山脉本身看起来没什么特别，但内部却有一个重要的锌矿。

矿工在地下290米的深处发现了这些水晶，最早进入洞穴的有些人从此一去不回。这个矿坑是一个千真万确的地狱，气温可达60℃，唯有利用适当的冷却装置，温度方能降至40℃。

奈卡水晶洞穴相对湿度接近100%，温度有50℃，令人无法忍受。这种条件之下，很难开展对矿坑的探索和研究。必须穿上特制的工作服，配戴呼吸器，以延长在洞穴里的停留时间，但最多也只能停留30~40分钟。2600万年前，大量的岩浆流向地壳，在距地表2000米处停止，接着开始以极其缓慢的速度降温，最后形成了矿床和水晶。岩浆在土壤中流动时获得了丰富的金、锌和银等矿物质，形成了矿床。富含盐分的地下水以极为缓慢的速度沉积，形成了石膏的结晶（透石膏），奈卡水晶洞穴也由此形成。这个长50米、高40米的凹洞被巨大的水晶所填满，好像一个巨型的晶洞。这是数千年演化的结果，我们可能还能享有它几十年的时间，它迟早会再度被埋藏在山脉的深处。的确，一旦人们停止采矿，维持矿坑隧道通行的抽水机也会停止，隧道再次被水入侵，届时，奈卡水晶洞穴将再次无法进入。

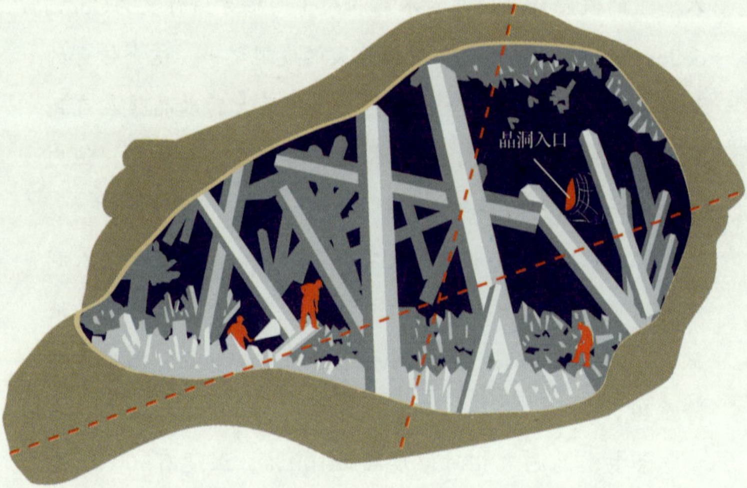

有关晶洞的部分数据	
深　　度	－290 米
湿　　度	100%
温　　度	50℃
最大高度	12 米
最大宽度	40 米
最大长度	50 米

图21　墨西哥境内的奈卡晶洞

某个凹洞一类的开放性环境时，才有可能形成。岩浆冷却的同时，几个晶体彼此相邻结成花岗岩一类的多晶岩石。然而，这么一来，便无从产生那些具有收藏价值的美丽水晶。相反，在适当的时间、空间和温度等条件之下，元素的排列会极具规律性，根据组成矿物的几何形状排列而形成完美的晶格（空间、时间和温度再次扮演要角），从而获得晶体应有的形状。然而，这些条件是非常难得的。

因含有小气泡而呈乳白色的乳白水晶或因辐射而呈灰褐色的烟水晶比较容易找到，因含有金红石或电气石的微晶体而呈淡蓝色的水晶则比较罕见，更别提因含铁而呈黄色的黄水晶了。最后，还有著名的紫水晶（因含氧化铁而呈紫罗兰色）、因内含石棉一类的纤维状矿物而呈绢丝光泽的虎眼石或称猫眼石，等等。

第九章

在水下也着火的山

火山

火山就好像是一只位于岩石圈下几十千米处的压力锅的安全阀。在软流圈这个“锅”里，会产生极高的温度（高达1000℃以上）以及相当大的压力，而每当岩浆偷偷地穿过地壳的缝隙抵达地表时，便会发生火山爆发。

在一次又一次的喷发之后，火山会给自己盖房子，其形状通常呈圆锥体（即所谓的复式火山，由几层黏稠的岩浆、几层火山灰和火山砾构成），或呈现出比较扁平、底部较宽、坡度较缓的形状（即盾状火山，这种火山是较为液态的岩浆不猛烈的喷发而形成）。岩浆一旦抵达地表，便会在火山爆发的过程中释放出气体，形成熔岩。火山喷发的过程中有时会喷发大量气体，好像压力锅喷出蒸汽那样。

这些气体可能夹带浓密且不透光的火山灰，上升至几千米的高度，甚至会导致半个地球的洲际航线连续多日全日停摆，2010年冰岛的埃亚菲亚德拉冰盖火山喷发时便有此情形。假使这种浓密的烟云喷发后回落，便可能形成充满毒气、高温可达800～1000℃的火山碎屑流，沿着火山山坡向下滑动，摧毁途经的一切。火山也可能喷发出由熔岩或火山块（直径大于64毫米）构成的火山弹，或火山砾（直径介于2～64毫米之间），最后还有火山灰（直径小于2毫米）。

没错，我们可以说，火山就像是变化莫测的“野兽”一样。我们带着应有的尊重将某些火山称为死火山，它们见证了从前的地质事件，就好像已经闭合起来的火山锥一样，认为它们不会再次喷发。相反，某些火山则令我们感到担心，休眠火山是处于休眠状态没错，但地质学家相信它们仍有爆发的可能。位于夏威夷的冒纳凯阿火山便是一例。这座火山上一次喷发约发生在3500年前，而大家

图22　典型的火山爆发

都知道对于火山的生命周期而言这是很短暂的一段时间。最后，还有一些真正的活火山，比如说经常喷发的埃特纳火山，或者是2000年以来几乎天天都有喷发活动的斯特龙博利火山。不过，地质学家将过去的1万年里所有有明显喷发现象的火山都视为活火山，因此维苏威火山也应被纳入活火山的行列。

火山也可以按照其喷发类型来划分。大体而言，还算平静的是夏威夷式的喷发，在此种喷发类型里，原岩浆高温且呈液态，外泄的气体很快便能带来壮观的熔岩喷泉，熔岩甚至可以流到距离火

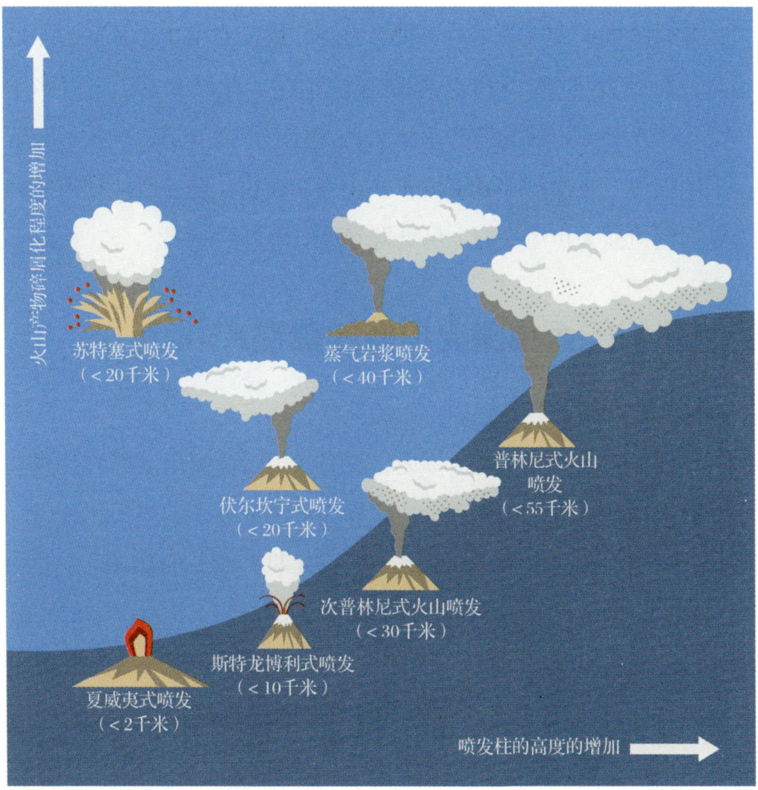

图23　根据喷发方式所做的火山类型划分

山口很远的地方。斯特龙博利式喷发则稍微激烈，其中当然不乏爆炸，但总体而言此种喷发方式所产生的毒气和火山灰规模甚为有限。最后还有伏尔坎宁式和普林尼式的火山喷发，这两类的喷发方式最为猛烈，其特征为大规模的爆炸、巨大的毒气热柱、火山灰、火山砾，之后还可能垮塌而导致炽热的火山泥流以及可怕的火山碎屑流。而公元79年摧毁庞贝和埃尔科拉诺的火山喷发正属于最后这个类型，老普林尼为了研究火山爆发而在该次火山爆发中罹难，而他的侄子小普林尼则描述了这一幕（当然，小普林尼也见证了那次爆发，但他是从远处看见的）。

而苏特塞式喷发又是哪种类型的喷发呢？嗯，在探讨山脉的书里，此种喷发类型或许显得不那么有趣，因为它发生于水底，不过也是一种喷发类型，我们不能跳过它不提。此种喷发类型得名于1967年冰岛外海形成的苏特塞岛，喷发时水渗入管道，导致了极其猛烈的喷发。该次的喷发形成了一个寿命短暂、易被巨浪摧毁的火山岛，到目前为止海平面上仍见得到这座小岛的一隅。

我们能否预测火山何时爆发？

答案是：并不会像我们希望的那样。简言之，维苏威火山或任何一座其他火山究竟何时会爆发，没有人能对此提出准确的预测。然而，地质学家们以历史和地质数据为基础开发了一些预测系统，可以估算出一定强度的喷发可能发生的时期（概率性的预报）。

维苏威火山被视为世界上最危险的火山之一（不是因为它的爆发较为频繁或猛烈，而是它的喷发对周围人类居住地的巨大破坏性）。为了让大家对维苏威火山的危险性有些概念，专家们提出了以下论点。根据专家们的分析，发生类似于1631年的爆炸性喷发或类似于1944年那次破坏性较小的喷发的可能性为90%～95%，发生类似于公元79年那样后果惨重的普林尼式喷发的概率则介于5%～10%之间。因此，我们应该设法保护一个拥有数百万居民的市区，因为它可能会被类似的火山爆发所摧毁，但这样的做法显然不切实际。比较可行的办法应该是做好火山周边地区人群的疏散，因为不论发生何种类型的喷发，他们肯定会被波及。这类的紧急状况将会波及70万人左右。而假使发生普林尼式的喷发，可以等到第二时间再扩大疏散区域（当年庞贝的居民在火山开始喷发之后、发光云来到之前仍有时间逃亡，的确，只有最后仍留在灾区的人丧生）。

存在着许多的未知数。因为每次火山活动都是一个独立的事件，都会开启新的火山口并产生多种导致喷发的岩浆。幸运的是，与地震不同，地质学家们持续监测火山，能够得知火山爆发的地点。事实上，火山被检波器一类的传感器和GPS监测站所包围，这些器材被用来测量气体排放和火山喷气孔的变化、地面的变形（因为在火山爆发以前，岩浆产生的压力有时会将整个火山向上举起，虽然只有几毫米的高度）、岩浆沿地壳上升而导致的地动，以及其他火山爆发的警讯。可惜的是，我们无法获得地震的警讯，以作出预报。在最好的情况下，专家可以在两三天之前预告地震的来临，这便是当今科学能够提供的。然而，事情并非如此简单，因为单单一个警讯不足以作为警报的基础。举例来说，1983年和1984年之间，坎皮佛莱格瑞火山地区某部分的土地足足隆起了两米，还发生了数千次的浅源地震。一切都让人认为火山爆发在即，但后来的情况并非如此，几个月过后警报被撤销。总而言之，很可惜的是，地震和火山喷发仍是人类无法预知的现象，而专家建议人们做好防灾准备（准备适当的设施和计划），而非指望专家的准确预测。

意大利的火山为什么会在这里

也许我们不这么认为，但被科西嘉岛、撒丁岛、西西里岛和亚平宁半岛所环绕的第勒尼安海的确是世界上相当复杂的一个角落。这里不仅有为数众多的活火山和休眠火山，而且它们的属性和行为也有很大差异。总之，它们令地质学家伤透脑筋，至今仍无法将它们的特质完全融入板块构造论当中。斯特龙博利火山、埃特纳火山和维苏威火山虽然地理位置很接近，但外观、喷发的风格和危险程度却又相去甚远——而诸位得清楚，如此多样化的火山群出现在如此狭小的地区，这是地球上非常罕见的。然而，这些火山都与同一段历史有关，即第勒尼安海开展的历史：1000万年以来，第勒尼安海朝着东北方伸展，导致亚平宁半岛的旋转以及亚得里亚海的关闭（克罗地亚，我们来了）。第勒尼安海正在转变为一个小型的海洋，并如同洋中脊沿线那样从地幔深处唤起沸腾的岩浆而不断张裂。

在坎皮佛莱格瑞火山一带，岩浆从下往上推挤、膨胀，导致大陆岩石圈破裂、流泻出来，而这便是伊斯基亚岛、普罗奇达岛和维苏威一带火山作用的起源。此外，还有高3340米、底部直径40千米、性格温和的巨大火山——埃特纳火山。尽管同样位于非洲板块和欧亚板块之间，导致这座60万年以来保持活跃的火山的岩浆与维苏威火山的全然不同。两者间差异在于，假使亚平宁山脉沿线发生的是一种压缩作用（两个岩石圈互相推挤），在这个地区则有岩石圈扩展的现象，岩石圈沿着卡拉布里亚大区和西西里岛的山区延伸、扩张而破裂。这是一种温暖的液态岩浆，其熔岩流还算平静。简言之，对专家和负责在紧急状况下疏散居民的人员而言，这种喷发方式不太令人担心。

埃特纳火山与夏威夷或冰岛的火山较为相似，埃奥利群岛位于其不远之处，从那不勒斯乘船只需几个小时便能抵达。在构成群岛的众多火山当中，斯特龙博利火山无疑居冠：这座被海水包围的火山有近千米的海拔，非常活跃，以至于自古以来都被视为第勒尼安海的天然“灯塔”。构成埃奥利群岛的所有岛屿皆为火山岛，大约形成于130万年前，其成因与非洲板块俯冲到卡拉布里亚弧之下有关，此类俯冲作用导致地震——此类地震的成因已广为人知——并形成火山弧（与日本和印度尼西亚一带的火山类似）。

图24　沉没在第勒尼安海里的主要海底火山

发出巨响的山脉：圣海伦火山

美国的圣海伦火山一直被认为是一座休眠火山。然而，1980年3月18日，这座火山轰隆作响，然后爆发，造成57人死亡，250户住宅及180千米长的道路遭到摧毁。整个火山锥的顶部被喷射至大气的同温层，抬升起一个雷电交加、爆炸不断的浓密云层。这座原本海拔高度2950米的美丽休眠火山瞬间被斩首，如今在海拔2550米高的地方形成了一个巨大的马蹄形火山口。熔岩和毒气构成了发光云，席卷了当地的植被和动物，将600平方千米自然公园化为寸草不生的沙漠。当然，我们必须说明，火山爆发前不乏有灾难将至的警讯。在同年的4月和5月，该地区的地震仪开始探测到浅源地震，但是火山何时爆发、以何种方式爆发、究竟它是否会爆发，是无法预测的。

在1980年，当然还没有现在这些帮助预测火山爆发和时刻追踪其进展的精密卫星系统，但不论如何，地质学家们一致认为圣海伦火山的爆发是历史上科学监测和追踪的大型火山爆发。总而言之，那次爆发有助于我们了解火山灰扩散并通过大气的过程。有了这次的经验，专家们创造了模型，监测到2010年埃亚菲亚德拉冰盖喷射到欧洲1万米高空的蒸汽和火山灰。

海底的山脉：海山

地球上某些最雄伟的山脉位于海底，想登上那些山脉，你应该穿着潜水衣，而不是羽绒衣和靴子。这些山脉不在我们视线范围内，但它们不仅存在，而且往往甚为高耸且为数众多，其中有些甚至探出水面。夏威夷群岛便是火山爆发后所形成的山脉。

一项有关海洋深处的最新研究已迫使地理学家重新绘制海底地图。将各个大陆分隔开来的深海平原改变了面貌，如今，深海平原看起来不再是一整片蓝色的平原，而是布满了星罗棋布的海底山脉：新的海底地图绘有2万座海山（远比先前估计的5000座多）。那都是些从海床算起高度超过1500米的海底山脉，对于地球上各个海洋的众多潜艇构成了实实在在的威胁。

诸位可能没注意到一点：对于正在研究海底山脉的地质、寻找工业矿物的矿业公司而言，事情便大大不同了。另一方面，在海洋生物学家眼里，这些山脉的重要性在于居住于海底牧场里的多样化生物，其中包括数十种经济鱼类。海山，尤其是较为高耸的，对于许多迁徙鲸目动物的物种而言是一个类似于绿洲的地方，这是它们在迁徙的过程中休息和觅食的好去处。据科学家的说法，这些海山之间往往横亘着上千千米的深海，其生物多样性仍有待发掘。

山脉的外观

LE MONTAGNE DI FUORI • LE MONTAGNE DI FUORI • LE MONTAGNE DI FUORI •

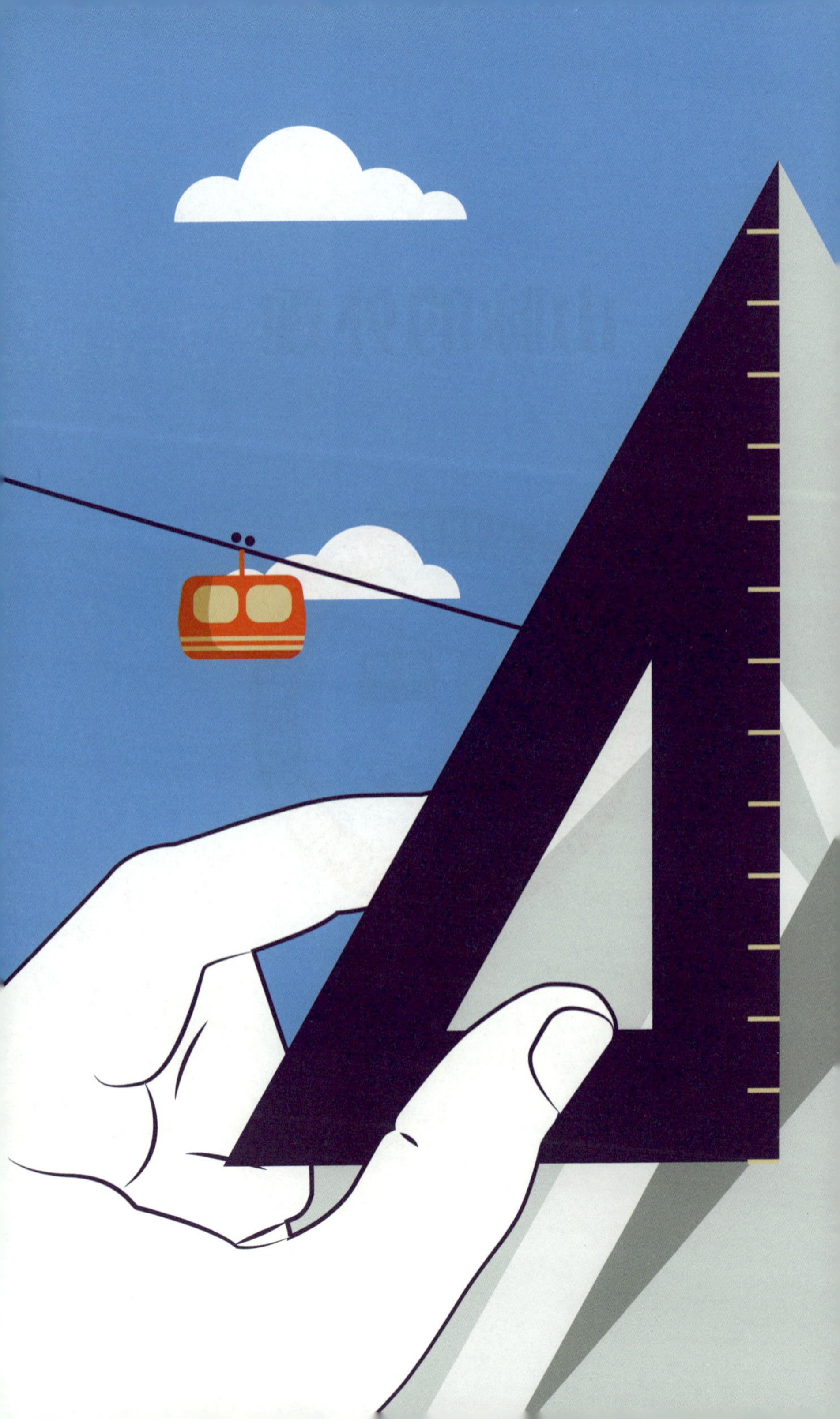

第十章 完美的山脉形状

为什么山峰是尖的?

对于山的轮廓，人们的印象恐怕是很刻板的。简单地说，就是卡通片《海蒂》的背景里瞥见的那种山。山脚下是一片翠绿（爷爷那茂盛葱郁的牧场），山上灰灰的（岩石和碎片），最上方则有典型的白色金字塔形山峰（即便在夏末仍被皑皑白雪覆盖的山峰）。

总之，每一座令人神往的山都有个金字塔般的外观；或者说，几乎所有人都或多或少地有些想当然，认为这是山该有的外观。但为什么山会呈现这种形状，而不是一个立方体或一个六角化二十面体（相信我，这种几何形状确实存在）？

这一切都是侵蚀作用搞的鬼，侵蚀作用利用山脉的脆弱性，一点一滴、一块一块地将山脉“解体”。山脉远比我们想得脆弱。没错，远远望去，它们显得坚固强壮，但实际上，它们被无数裂理穿透，裂理又称节理，是岩石层理及其内部裂隙中的矿物填充所产生的现象，风、雨和霜则趁隙而入，瓦解岩石。此外，重力也看不惯坚固的高山，垂直地表耸立的一切——无论是大都市的摩天大楼还是乔戈里峰的山壁，它都想夷为平地。

的确，要不是地球内部的热能和大陆漂移运动不断捣乱，地球原本应是个近乎完美的球体！后者导致了安第斯山脉的百内河双塔或位于喀喇昆仑山的慕士塔格山一类的山脉，看看这些高峻陡峭的山脉，就会知道山坡如何演化成经典的金字塔形。

山坡不断“剥脱”，这使得它们的形状渐渐稳定，愈来愈不受侵蚀作用的影响。

举例来说，假使在一个气候格外稳定的区域里有这么一座方形的岩山矗立（即理想条件下，在数百万年的时间里，风雨都以稳定的方式进行，而没有发生突然的气候变化、极端气候或地震）。那么，在此种理想条件下，只有当山坡的倾斜度不超过一定数值（视其材质不同而介于25°～40°之间，而我们暂且取其平均值为35°）时，崩解的过程以及所谓的碎屑含水层的形成才会发生。一旦岩壁被摧毁，形成了一个大致上形状稳定的35°斜坡，作用的速度便会减缓，并且几乎停止：重力无法发挥更大的作用，物质的摩擦力阻止碎片移动，紧紧贴住山坡。重力和山坡上碎片的摩擦力因而彼此抵消，这个坡度被称为休止角，可以说是名副其实。但在自然界中，碎屑保持静止的时间很短，因为实际状况相当复杂。可能会发生气候变化或地震，或有植物占领斜坡，或某次的山崩导致湖泊的形成，总之，在实际状况中，摧毁——或在某些情况下，巩固——山坡的各种作用又更加复杂，而一旦形成休止角，很快就会被超越。然而，为方便起见，为了说明一座金字塔形的美丽高山，也就是山峰尖尖的那种山的历史，还是暂且屈就于这种可能性吧。

为什么并非所有的山峰都是尖的？

不过，有着胡夫金字塔形的尖顶山脉其实很少。当然，所有的山脉都有我们无法登顶的山峰，除非我们长了翅膀，但并非每座山峰都像卡通片《海蒂》那样，有着美丽轮廓。事实上，假使诸位仔细观察，《海蒂》的动画师其实已经很用心地以写实的方式描绘瑞士阿尔卑斯山的高山牧场，他们笔下山脉的轮廓富于变化，不是千篇一律的金字塔形（那样的背景可能会显得有点无趣）。

由于前面提到的机械作用或化学作用，岩石可能会崩解，此类作用的效率取决于气候及岩石本身的材质。坚硬而致密的岩石极可能会断裂为尖锐的大石块，因为岩石深处的大断裂，它们才有了这样的棱角。相反，压缩的沙砾或黏土形成的岩石质地较软，受侵蚀的速度则较快，山脉的高度会比较矮，其形状也会较为圆润。

只要看一下阿尔卑斯山的山谷，我们便能知道并非所有的山峰都是尖的，因为山峰的形状取决于构成山脉的岩石的特性。有些山谷，如正好位于勃朗峰山脚、瓦莱达奥斯塔大区境内的维尼山谷和费来特谷，被周边的几座山所包围。陡峭的山脊和尖峰俯瞰山谷的北面，整座山脉最高的几座山峰正位于此处。相反，假使我们转身面向另一边，会看见形状相当圆润且低得多的山脉。一面是大体上由极为坚固的花岗岩所构成的岩块，另一面则是沉积岩层，相较之下，后者比前者容易侵蚀得多了，尽管影响两者的气候条件与重力

1
2
3

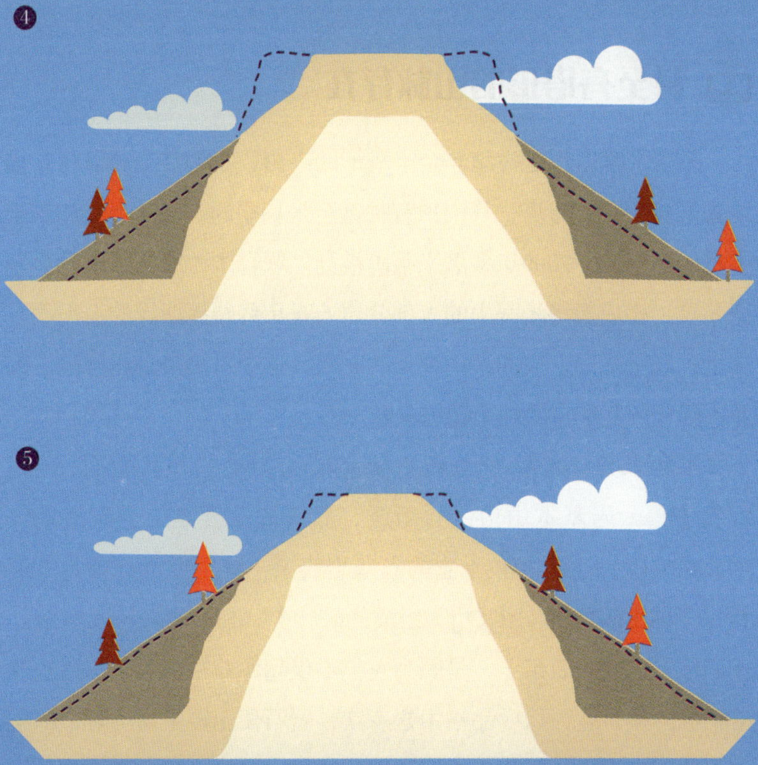

图25　山脉的形状。由于山坡的侵蚀，还有山脚处积累的岩石碎片，山脉呈典型的尖塔形

基本上并无二致。

阿尔卑斯山的众多山谷，特别是受侵蚀严重的山谷，将不同的岩丘分隔开来，而河流和冰川正好流经山谷沿线，此事绝非偶然！下一次大家到山上去的时候，请注意一下：右侧山脊的斜坡和形状是否与左侧的有很大不同？假使看上去当真如此，那么也许是两侧的岩石不同。

甚至有塔形的山脉存在

多洛米蒂山也是一座非金字塔形的高山，我们甚至可以将其描绘为垂直耸立的方塔，其山顶有时甚至是扁平的。因其形状和景观丰富的多样性，2009年多洛米蒂山被列入联合国教科文组织世界遗产名录。构成多洛米蒂山的大部分岩石是历经特提斯洋的海平面多次上升和下降而形成的，中生代的时候，这个古热带海洋分隔了劳亚古陆和冈瓦纳古陆两个超级大陆。

多洛米蒂山的特色景观主要是因为当地的一种岩石——白云岩（白云岩基本由白云石组成，后者的主要成分为碳酸钙镁[$CaMg(CO_3)_2$]），相较于它的石灰岩表亲（其主要成分则为方解石，一种由碳酸钙[$CaCO_3$]）组成的矿物），白云岩较不易溶解。我们称它们为“表亲”，是因为它们不仅起源非常相似，晶格也非常相似。换言之，只要晶格中含有镁，岩石便比较不易溶解，体积也因此较为庞大。比起化学溶解或崩解成小碎片，白云岩喜欢以大石块的形式滚落，最后粉身碎骨。

在特提斯洋仍然存在的时候以及在后来阿尔卑斯山的形成过程中（开始于7000万～8000万年前，但约于4000万年前达到高峰），这些巨大的岩块周围原本有些比白云岩更容易被侵蚀的沉积岩，甚至还有火山岩。而此类易受侵蚀的岩石与结实的白云岩比邻的景象正是多洛米蒂山区的特色景观。水（雨水和河水）和冰（近200万年以来更迭的大冰期）已经带走了原本覆盖在这些巨石上的物质，如今巨石各自独自矗立。

第十一章

假使冰也加入战局

如果说滴水可以穿石，那么冰比水更能穿石

我们的地球是水做的，山脉则是地球的框架。

在地球上，水分子H_2O拥有至高无上的地位，有几项事实证实了这一点：某些生物90%是水，而人的体内约60%是水。因此，如果告诉你，是水和水与重力之间的游戏侵蚀了岩石，塑造了山脉，你一定不会感到惊讶。

此外，在侵蚀山脉的比赛中，像水这样无处不在而又特别的分子显然应该是主攻。水是自然界中唯一能够以三种物态存在的分子（固态、液态、气态），它可以以某种物态存在，或以三种物态同时存在。举例来说，让我们想象一下冬季的湖泊：某些部分被固态水（冰）所覆盖，其内部流动着液态的水，而设在岸边的湿度计则

检测出空气中存在的一定程度的湿气，而湿气无非就是气态的水。

水能以多种方式与矿物发生作用，让我们来看看这些方式。水分解成氢离子和氢氧根离子后可能会攻击某些矿物质，与它们发生作用，形成一些新的矿物质，而后者最后可能被水带走。相反，如果水接触的是金属矿物质，水可能会将其氧化，从而改变其原岩，促进侵蚀作用。最后，水可能会通过溶解的方式攻击某些岩石，例如，水中所含的二氧化碳会与碳酸钙起反应，引发一系列过程，最后导致洞穴形成。

更别提液态水转化为固态水的过程了。这时，水可是一把货真价实的手提钻。在这种情态之下，水的破坏力着实惊人。转化为冰以后，水的体积增加了9%，并产生类似于手枪子弹击中墙壁时的威力，唯一的差别在于冰的作用表面比弹头来得大。因此，诸位可以想象一下，水在春天或秋天的时候潜入马特峰山壁里的缝隙里，而入夜以后开始结冻，接着发出“啪”的一声！结冻的过程中，某些缝隙的破裂，撑开了1纳米或2毫米，而此种现象一年里可以重复数百次，并且为期好几千年。举例来说，在冰岛以及阿尔卑斯山南麓的一些山坡上，此类的冻融循环在一年里甚至高达150次。某一天，裂缝会宽得足以动摇岩块，接着，在重力的作用之下，岩块向下坠落。

至于某些位于南极的岩石，或者某些极高的山峰，在这种案例里，水在数百万年前便潜入岩石的缝隙里，并从那时起就以冻结的状态停留在该处，比起那些经历频繁的结冰与融冰交替的岩石，这些岩石较为稳定。在这种情况下，也就是在极为寒冷的地区，冰甚至可以充当胶粘剂。当然，假使天气暖和到一定程度，这种胶粘剂便会开始参与“冻融旋转木马”，启动山脉毁灭的过程。

作为拆解山脉的力量，冰不只是切割岩石的利器，也是威力强大的砂轮：磨削能力强确实是冰川的特点之一。冰川若发挥其威力，便可在几万年以内重塑一个山谷的形貌。

冰川是什么？

几乎所有的高山都有冰川加冕，冰川是高寒地区由积雪堆积而成的冰块群。是的，没错，即便是非洲大陆心脏地带的乞力马扎罗山的山顶也不例外。好吧，冰川是这么形成的。雪花落到地面上，慢慢地转变为冰，之所以如此，一方面是因为层层积雪使位于下方的雪愈来愈紧密；另一方面则因为我们刚刚谈到的冻融循环。冰可真是种奇特的固体：它很硬（这点可没人能否认），但在某些特定的条件之下，它会往低处走，仿佛“流”往山谷。在温带山脉上，这种流动往往抵达远低于永久积雪带的海拔，在永久积雪带里指的是积雪终年不化，导致冰川形成的海拔。然而，一旦低于这个海拔，冰川便开始融化，并逐渐被耗损。因此，我们可以说，冰川受

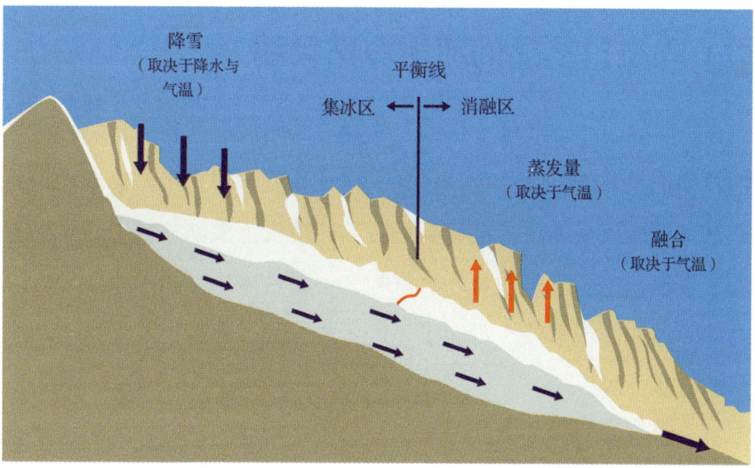

图26　冰川剖面图

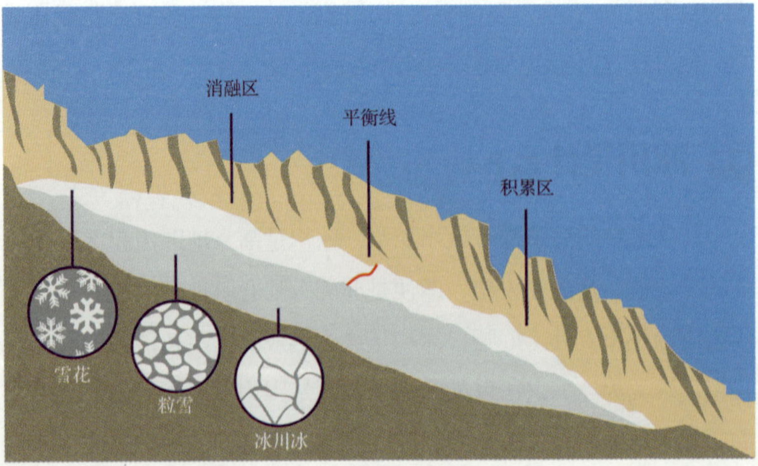

图27　冰川：雪花转变为冰川冰的过程

大雪滋养，特别是发生于高处、位于雪线以上的降雪，而它在比较温暖的山里消融。山上的积雪量以及冰川下游的融冰量的差会告诉我们冰川的状态。目前，不论是安第斯山脉还是喜马拉雅山脉，大部分温带冰川体积都在逐渐减小，呈负增长的状态。

固态且结晶的冰川竟然会动

先前描述冰“往低处移动”的说法令你们不甚满意，是吗？是的，你们是对的，冰作为一种固态物，我们料想它也许会滑动，我们甚至可以接受冰可能会在某些极端的情况下滚动，但说到冰会流动或变形，这听起来很奇怪。好吧，但温带冰川，即那些位于极区之外的冰川，或多或少都有上述的各种行为，而这主要是由于结晶水的特质。

冰储量若超过一定的标准，视其所在斜坡的斜度，冰川可能会向下滑动。该现象主要发生于温带冰川，换言之，就是我们方才提到的那些不位于极端气候条件的冰川，此种冰川的表面均温低于冰点，但其深处可能会因为冰川本身的压力而融化。融水有利于冰川的滑动。

好吧，让我们假设冰川可以在光滑的岩石表面滑行。然而，事实上，冰川的运动并非像花岗岩在倾斜而平滑的平面上滑行，因为结晶水具有塑性变形的作用（当然前提是要有导致变形的作用力，而在这里，作用力来自于冰川上游本身积累的重量）。因此，简言之，冰川一边滑行，一边发生变形。冰川中心处的变形比较剧烈，向两侧和河底递减，好像河水奔流那样。

冰川在滑行和变形过程中，成了威力强大的挖掘机。嵌在冰川底部的冰研磨着岩石，像一张很大的砂纸一样为山谷塑形，而阿尔卑斯山和其他某些山脉里许多的高山峡谷呈独特的U形，正是此种研磨的结果。

然而，冰川并不满足于研磨，它还毫不费力地将自己从基岩和两岸所挟带的和滚落自周围山坡的或大或小的物质带向下游，使其再次沉积。有时沉积物大且杂，是一种由颗粒极细的淤泥以及摇摇欲坠的巨大岩块所构成的综合体，这便是我们所谓的冰碛。

请注意，极地冰川，即所谓的冷冰川，则完全是另一回事了。这种冰川的变形几乎完全是其内部的塑性变形的结果，而在寒冷的极地地区往往缺乏或者没有有利于冰川滑行的融水。

高山冰川

它们被愈推愈高，最后到了高山上。举例来说，当今阿尔卑斯山的永久积雪的界线在海拔2800～3200米（山脉南面的雪线海拔较低，山脉北面则较高），地处热带的安第斯山脉的雪线则较高，约在海拔6100米处，最后，东喜马拉雅山脉的雪线海拔高度则约为

5700米。显然，愈接近极区，雪线愈低，因此，在斯堪的纳维亚半岛北部山脉的雪线约位于600米处，而格陵兰岛的山脉的雪线则下降到150米的海拔高度。

地球上的冰川有多种类型。有山谷冰川，由一个或多个积累冰雪的粒雪盆汇合而成，形成一条冰舌流向下游；有位于缓高地、类似极地冰盖的平顶冰川（意大利的阿达梅洛山或瑞士的死亡平原的冰川）；还有山谷冰川的冰舌远离积累区，流入绵延的山谷后所形成的山麓冰川（阿拉斯加的马拉斯皮纳冰川，或许多可以追溯到发生于近200万年里的更新世大冰期的高山冰川）；最后还有冰斗冰川（又名悬冰川），是形成于山坡上的一种短小的冰川，有时是古冰川的残留，高山冰川为其前身（如果气候变化的步调维持不变的话）。此种冰川就悬贴在冰川口附近的岩壁那儿，它们主要靠降雪、雪崩和冰崩补给，并在春天的时候被它们所覆盖。

如何找回遗失在冰川的太阳眼镜？

如果这个夏天，你碰巧把太阳眼镜遗失在冰川上了，不要觉得找不回来，因为只要利用一点点科学知识，便可以失而复得。甚至，这还是明年再去一趟的好理由。

如果各位按照我的建议，加上一点点的运气，你们极可能会在遗失眼镜的地方重新找回眼镜。

先前提到过，冰川以极缓慢的速度向低处移动，高山冰川每年以平均50～100米的速度移动。因此，首先，有必要了解某条特定的冰川的移动速度。要找出冰川的移动速度，只需要利用某个浏览器，以冰川的名称和“冰川学”为关键词进行搜索。此时，必定会找到某位专家的名字，你们可以联系他，并向他询问那条冰川的移动速度。接着，要找出你们当初因为停下来抹防晒乳而遗失眼镜的

气候变暖，冰川数目增加，但冰量减少

气候变化是否可能导致高山上冰川数目的增加呢？嗯，看来似乎真的如此，但这可能算不上是个好兆头。最近一次关于意大利境内冰川的调查指出，从20世纪50年代至今，冰川的数目从824增至903。但是，我们必须当心，冰川数目的增加缘于其体积和表面积的减少：冰川的总面积已从20世纪80年代的609平方千米下降至如今的368平方千米。所以说，眼前发生的究竟是什么样的情形呢？冰川撤退到较高的海拔，变薄，分裂成许多紧贴着岩石的山脊与山峰的小冰川，退化为高海拔的小型冰斗冰川。

根据专家的说法，就连高山湖泊的数目也正在增加，并会随着冰川的撤退继续攀升。许多高山湖泊坐落在裸露的岩石上，形成于冰川所挖掘出来的凹洞中。的确，随着冰川的撤退，原本由冰所占据的凹洞便被融化的冰与雪填满。位于瑞士阿尔卑斯山的特里夫特冰川就好像浴盆里的冰块一样正在融化，而一个充满浮冰的大湖正在该处逐渐形成。根据专家的估计，在未来的几年里，瑞士境内可能形成占地面积50平方千米的高山湖泊，其中某些湖泊可能会对山谷中的居民构成威胁。

地点；假使你们当初携带了GPS定位器，那么便可以找出那一刻你们所在的精确坐标。以那个定点为起点，按照专家的指示，沿着冰川向下走50～100米（但请小心沿途的裂缝）寻找你们当初驻足的冰块。你很可能会再次找到那块冰块，也可能会真的找回你们

的眼镜。

不过，也会有例外：假使你们当初是在格陵兰度假，而你们不嫌麻烦地回到那里去寻找你们珍贵的眼镜，好吧，最好做好心理准备，因为格陵兰岛上的某些冰川是地球上行进速度最快的冰川。举例来说，雅各布港冰川有一年流动17千米的记录（之所以如此，也是因为冰川的尾端是一个峡湾，冰悬浮在水上，运动的速度加快）。这样一来，搜索就变得比较复杂，因此建议诸位不要太指望科学，而要多靠运气。

冰川上生机盎然，但也有许多污染

是的，现在的冰川已今非昔比了！这句话听起来像是说说而已，但在某种意义上而言，这可是千真万确的事实。我们原本以为冰川水是地球赐给我们最纯净的水之一，然而情况并非如此。研究人员发现，许多冰川中有相对浓度较高的污染物，而这已有一段时间了，研究人员还在勃朗峰的顶峰附近穿孔测量到了高浓度的铅、锌、铜和镉。冰川中的重金属有些是天然的（铜和锰），有些则显然是人为导致的（铅、锌和镉）。在1960—1980年的20年里，空气污染已经达到了惊人的程度，风所携带的大量污染物沉积在冰川里，并在那里冰封至今。而这些污染物中有一些当今已经被禁止的物质（比如说戴奥辛和塑料处理的化合物）。总之，如今冰川正在融化，这些污染物当中有许多，包括重金属、农药、有机化合物，又回到了我们人类身边。

就连多年冻土，即极地的永久冻土，也在融化，同时释放出原本冰封在地底冰层的污染物。此外，必须指出，经检测，此类融冰形成的泉水含铅浓度远远超出可饮用的标准，这也解释了为什么在某些高山湖泊检测出的铅含量高于世界卫生组织制定的饮用标准。因此，它们可都是触犯法律的湖泊！但这是山谷里的人在十几或二十年前所导致的污染，谁该承担这个责任呢?

专家绝不会推荐你们饮用冰川水。你们可以喝融化的雪水，因为相较于20年前，当今的空气质量已经有所改进。总而言之，最好的做法还是寻找从岩石里涌出的泉水，这可能是最健康的。

喜马拉雅山的问题尤其严重。的确，在那里，城市所制造的污染物形成了专家们称为*brown clouds*（“棕色云团”）的东西，里面含有大量高污染有机物化合物，气流沿着山谷上升，最后堆积在喜马拉雅山群峰的冰雪上。

第十二章

粉碎的山脉

假使未曾有过冰河时期，阿尔卑斯山会是什么形状？

假使7.5万年前，一个登山队抵达了瑞士少女峰的山顶，他们环顾四周时所见的一切会与今日的景观截然不同。首先，他们的立足之处会是一个从冰盖凸出来的岩峰，放眼望去，冰盖向四方延伸，只留下一些零星的岩石“孤岛”（即当今山脉最高的几座山峰）。

草坡、湖泊、岩壁或从岩壁倾泻而出的绵延百米、如诗如画的瀑布，曾给予许多浪漫主义时期的画家很多灵感。没有这一切，只有某种极地般的景色：除了冰，还是冰，往往是绵延数千米的冰。我们所谈论的是从65万年前起相继发生的四大冰期之一（如果我们将较小的冰期也纳入讨论，那么冰期的次数还会更多，其中最后一次冰期还成为了动画电影《冰川时代》的主题）。当时，地球的平均温度约比当今的温度低5℃，永久积雪的厚度比当今低1500米，阿尔卑斯山被一个巨大的冰盖覆盖，冰川掩埋了卢塞恩和伯尔尼这两座城市，向北来到苏黎世和日内瓦，向南远至米兰和维罗纳边境。这种规模的冰仿佛侵蚀机一般地挖掘了山谷，并赋予它们我们今天所见到的形状。

现在，让我们试着回到更久以前，去看看刚刚提到的那些7.5万年前的登山者手里拿着的又是什么样的地形图。

好吧，让我们回到65万年前，也就是冰河时期来临以前。而以下便是我们可能发现的：罗讷河谷与莱茵河谷，还没有被蚀刻得像今日那么深的瓦莱达奥斯塔的山谷以及普斯特里亚山谷（谷底的海拔比现在高800～900米），当时的勃朗峰比现在矮500米，超过4000米的高峰很少，甚至可能一座也没有。啊，当然啦，就像学校里教得那样，溪流和河流一手雕塑而成的峡谷呈V字形，而不是像典型的冰蚀谷那样呈U字形。

冰川以蚀刻的方式造就了山谷的形状，这是众所周知的事（而诸位可以很容易在小学课本的说明手册里找到这一类的示意图），然而，很多阿尔卑斯山的山峰比现在矮得多，这一点听起来似乎很不合常理。问题的关键在于，冰川主要侵蚀它们蜿蜒其间的谷底，而海拔较高的区域，比如说位于冰盖之上的山地，则免于冰川的直接作用而得以保存下来。

此外，冰蚀作用还从阿尔卑斯山谷挟带了大量物质，从而减轻山脉的负担。还不止如此，随着冰盖逐渐消失，阿尔卑斯山在短短的几万年间体积减小，摆脱了一个巨大而沉重的冰帽。

漂浮在内部高温而黏稠地幔上的大陆地壳，像是一艘卸下了所装载的汽车和卡车的渡轮一般开始上升；而大家应该还记得，我们在这本书的第一部分里曾提到过现今山脉的隆起，并将此一现象归因于65万至1.1万年前更新世时覆盖阿尔卑斯山冰盖的融化，而不是欧亚大陆与非洲大陆之间的碰撞。因此，山脉的增高归因于冰川消融，而这正是阿基米德所提出的地壳均衡说，根据这个原理，轻物质更容易漂浮。

总之，在更新世的各个冰期之前的一般地形图上，阿尔卑斯山的山势比较平缓、较不险峻、山的坡度不像今天那么陡峭、山峰较矮、山谷较浅，而对于登山者而言也当然较不具吸引力！我们方才假想了一些于7.5万年前在冰河时期高峰登顶勃朗峰的登山者，他们手里的地形图，去掉周围的海的话，极可能与今日格陵兰登山者的地图相去不远。好的，告诉大家一个小知识：斯堪的纳维亚半岛和波罗的海一带，地面正以每世纪1米的速度上升，在那儿，更新世冰盖的消融所带来的地壳隆起现象更是显著。

最后，聊个题外话。据科学家的说法，在未来的2100年里，阿尔卑斯山地区的平均温度会增加，可能高达4℃，此一数值（正值）趋近冰河时期的数值（负值），当时，欧洲的气候与现在的西伯利亚很相似。此外，上述情形将在1～2个世纪内发生，而非几千年之后。

而此种增温可能给高山生态系统带来何种影响呢？

滚动或滑行：山崩是如何发生的？

山坡上的岩石土壤瞬间快速下滑的现象为山崩。为什么会发生山崩？雨水和在岩壁上流动的水体绝对是两个元凶，但它们肯定不是唯一的凶手，因为事实上导致山崩的原因还有地震、火灾，甚至人为因素。

阿尔卑斯山、驱魔与小冰期

从17世纪一直到19世中叶左右，欧洲比现在要冷得多，虽然跟20世纪均温相比只有1℃的温度差，但这已使得当时的阿尔卑斯山区显得荒凉而不宜人居。

在短短的几个世纪里，冰川的体积变大，其边界延伸至海拔较低的地区：以目前阿尔卑斯山脉里最大的阿莱奇冰川为例，当时冰川抵达比今天低3千米的地方。某些冰川移动的速度是如此地迅速，令法国、意大利和瑞士境内的一些山谷的居民担忧。举例来说，位于霞慕尼谷地的波松冰川几乎是着了魔：有时它会侵入山谷，破坏高山牧场，让山谷里的居民陷入绝望；有时，它又会退回海拔较高的地方，好一阵子也不会来骚扰居民。

1664年，冰川再度进攻，300位忧心忡忡的村民举办游行，试图驱赶冰川之魔，但他们可能不够有说服力，若非如此，1690年的时候，主教尚·达洪通·达列克斯不得不插手，对这条受诅咒的冰川施行了驱魔仪式。在接下来的几十年间，冰川进退了无数次，村民也游行了无数次。直到19世纪的50年代，恶魔终于离开冰川，不再侵扰该地的居民。

那个时期适逢大撤退的开始：可能是因为工业革命造成温室气体的增加，气候开始变暖，而高山冰川（此外，还有许多位于阿拉斯加、斯堪的纳维亚半岛、新西兰和安第斯山脉的冰川）体积变小，开始萎缩并后退到山峰附近。从19世纪的50年代到70年代，阿尔卑斯山脉为冰川所覆盖的面积已经减少了35%左右，至今仍在减少。根据2000年前后的新数据，当时冰川覆盖区域的面积为2270平方千米，约为1850年时的一半（目前为4470平方千米）。

要找到与当今类似的温度，我们必须回到新石器时代，或青铜时代（即5000年前左右），甚至回到中世纪，但当时的冰川并没有以目前的速度后退，因此，相较于今日而言，当时的山脉还算温暖，且比较稳定。如今，穿越阿尔卑斯山的过程中遭到遗弃或遗失的文物和古物（如传说的“冰人奥茨”），正在由冰川归还给人类，而这一切证明了当时那些地区比较温和，冰的数量也相对有限。

山崩家族庞大、复杂而嘈杂，一一介绍并揭发其所有成员会是一个相当艰巨的任务。但是，可以首先告诉大家的是，坠落型或称翻转型山崩为其成员之一，在此种类型的山崩里，处在危险平衡状态的岩块（可能是在多次的冻融循环之后被与其余的山脉隔开的岩石）以自由落体的方式崩落。接着，我们来到滑动型（平移式或旋转式）的山崩，这种类型的山崩通常发生在特别软的表面，如因水的渗透而过于润滑的岩石或土体与基岩的接触面。此外，我们不能不提侧滑型山崩，浸满水分而开始产生液化现象的软弱岩层发生塑性流动而影响上方较硬的岩层时，通常会导致此类型的山崩。最后便是所谓的泥石流，泥石流发生在大雨之后，是沿山脚下的土体或碎片吸收水分并挟带大量物质的集体搬运现象，常沿着溪流等天然沟渠发生。

有山脉或小丘的地方就有山崩：富含黏土的土壤若是吸满了水分，只要1°～2°的斜度便足以引发一场山崩。历史上发生过一些大规模和毁灭性的山崩，但也有一些已经发生或目前正在缓慢发生的灾害。

如今，地质学家甚至能检测出目前已被植被等景观变化掩埋的古代山崩。例如，瑞士境内便有古时候某次大型山崩的遗迹：那是

图28　山崩的主要类型

缘于1万年前史前发生在阿尔卑斯山脉的山崩，而诸位几乎无从辨认出它的痕迹。但训练有素的眼睛却可以帮助各位从弗利姆斯一带的奇山异水里辨识出山崩的遗迹，弗利姆斯是从莱茵河挖掘出来的一个山谷。在崩塌面和山谷的谷底之间有1000多米的高度差，坠落物的体积达13立方千米左右（想想看，这大约可以填满半个科莫湖盆地）。

我们可否预测山崩？

答案是：不一定。用来预测山崩的最佳利器之一便是有关该区域的认识。许多导致灾害的山崩都发生于那些所谓“易发”山崩的地点，也就是极可能被地质学家预测为山崩发生地的地方，因为那些地点的地质、地形和气候都证明有发生山崩的可能性；另一方面，那些被认为“安全无虞”的山坡发生山崩的概率则很低，但并非不可能。山坡的坡度本身便是一项指标，但地底下的地质结构才是令专家们感到担忧的主要因素。例如，地层深处的弱面或裂面便是严重的危险因素之一：雨水会沿着这些平面渗入地下，并导致坚硬物质的液化。

相较于地震一类的现象，山崩往往会“发出”一些警讯，地质学家可以提前作出预警。比如说，人造街道上出现的小裂痕便是一种线索：假使这些裂痕原本不存在，那现在它们为什么形成了呢？沿着山侧形成的裂缝（有时不过是个很小的缝隙）有朝一日可能一发不可收拾而酿成大灾（这就是为什么在某些情况下专家们利用GPS一类的仪器对其进行持续监测）。

因此，原则上，有鉴于穿过峡谷且施加压力或导致砂土液化的水分所起的作用，地质学家和工程师们往往建议在可能引发山崩的地点进行防水，以预防山崩的发生。此外，有鉴于大多数破坏性的山崩发生于大雨之后，负责降低山崩危险性的人员向来特别关注天气预报。举例来说，有种可以将来自于数个雨量计的数据进行实时比对的仪器，这些雨量计校准降雨阈值，只要超过一定阈值，某一特定地区发生山崩的概率便会变得非常高，一旦有超标情形，专家们便会向有关当局发出警报。相反，如果是岩石山崩，已经存在的裂缝的扩大可能是山崩的前兆，专家可以通过特殊的仪器监测其进展，对其进行分析，并在它开始以令人担忧的速度加速发生时，对大众发出警告（甚至经由广播）。

植物的根部形成天然的牢笼，困住并固定土壤（至少是表层的土壤）。因此，植物的根部本身便是抵御雨水水流的一种天然的屏障，它们减缓顺坡而下的水流的速度，从而降低了发生山崩和洪水的风险。

第十三章

绿色的山脉

歌唱针叶树

针叶树是资深的陆地居民，它们成功地在地球的不同地质事件里存活下来。至少从300万年前针叶树就开始殖民各个大陆，而且丝毫没表现出要罢手的迹象，这表示它们适应环境的策略相当成功。在各种针叶树当中，红杉是现存最大的有机体，其树干周长长达26米，体积相当于12台商用客机。

某些针叶树的生长速度极快，另一些则慢得令人难以置信。有些松树在短短的30～50年间便达到成熟，而其他如刺果松一类的松树在10年内只生长几毫米。没错，它非常从容不迫，但目前世界上为人所知最长寿的刺果松位于美国加利福尼亚州，这棵树大概已经4850岁了。当人类文明刚刚开始发展出农耕和灌溉，进而改变地貌与气候，当人类文明刚刚发展出日后演变为普及书写文字的原始书写方式时，这棵松树才刚刚出现在地球上。据统计，针叶树总共约有550种，因为它们适合生长在气温较冷、生长和繁殖的季节较短的区域，所以主要分布在北半球。

所以，让我们赞美山松吧！

落叶松为什么跟其他松树不一样？为何会落叶？

首先，为什么针叶树的树叶细长如针而非大而扁平？对于那些在山中碰上大雨的人，这显得令人难以置信。山区植物所面临的主要问题之一便是水的短缺。许多降水，如冬季的那些，是以降雪的形式存在，而由于冰雪无法融化，所以许多针叶树必须设法在连续数月没有液态水的状况下存活。尤其当太阳炙烤它们的枝叶，而土壤里的水仍然处于冰冻状态而导致可怕的冰霜干枯的时候，情况变得愈发难以忍受。然而，即使在夏季也会发生类似的事，因为导致火灾频传的辐射和高温引发缺水。在针叶树生长的地区，土壤不是很深，有时候，树下几米、甚至几厘米之处便是裸露的岩石，因此针状树叶成为被迫节约用水的树木的必然选择（减少树叶暴露于蒸腾作用的表面积）。因此，在这种情况下，针状的树叶比那些薄而大的叶片好，因为暴露于蒸腾作用的表面积必须愈小愈好。此外，松针表面覆盖有一层防水的蜡油，具有防止干燥的另一个作用。

而落叶松则选择了另一种策略：为了抵御寒冬的严峻考验，它们选择抛弃松针。没有了松针便等于不必丢掉从土壤中获取的那些少得可怜的水分。然而，这样的策略也有其局限性，还有一定的风险。放弃松针意味着得做好准备，在春天一旦来临就快速地繁衍，因为众所皆知，山里的夏季比平地的短暂得多，因此，在这几个月里树木得全力以赴地生长、繁殖，并为下一个冬季做准备。对于落叶松而言，延后到来的春天可能会构成一个很严重的问题，而这对于常绿针叶树而言就轻松得多了，因为它们可以抢在落叶松前面提早开始环顾四周，呼吸春天的空气。或者，以科学用语表达的话：相较于落叶松，一般松树的松针具有较大的光合活性。

最后，相较于阔叶，落叶松和松树针叶的风阻较小，这是得以在山区严峻环境中求生存的另一项优势。

科学指出，在森林里散步有益健康

几年前，加州大学的几位研究人员在内华达山脉的森林采集了一些空气样本，基本上只是为了了解在树林里散步有益健康一说是否站得住脚。假使这个普通为众人所接受的看法真有几分真实性，那么森林里的空气想必有什么独特之处，只是先前未曾有人费心研究过它。

因为这个缘故，专家们采集了生长于海拔1650米以上的杉木、红杉和白松的空气样本，采集样本的地区正是每年都有不少登山者慕名而来的几个森林。研究人员用特殊的玻璃试管采集了距离土地14米高的空气样本，接着对其进行化学分析。结果显示，空气中的化合物高达120种，几乎都是来自生物、植物所释放的物质。由人类活动产生的化合物几乎不存在，学者们受到了极大的鼓舞，但无论如何，他们也承认，学界只认识其中的70种，因此，登山者在山里步行好几个小时所吸入肺部的是一种部分成分未知的混合气体。

但此种活动和这种神秘的混合气体会给人体带来何种效果？事实上我们对此一无所知，但可以肯定的是，我们的文化确实有点遗忘了空气的价值。然而并非处处如此，举例来说，在日本，在森林里散步被公认具有疗效，并以Shinrinyoku之名（意为“森林空气浴”）为人所知。某些日本的研究人员发现，糖尿病患者在树林里散步时血糖会下降。

研究人员找到的有机化合物当中，有些时效很短，在几分钟或最多几个小时之内便会消散。蒎烯是人类已知的最常见的化合物之一，它存在于针叶树的树脂、小树枝和嫩芽中，被添加于保健食品中，也被用于制作杀虫剂与合成树脂。蒎烯是萜类化合物大家族的一员，含有23000种天然存在的烃，其中包括各种植物精油和具有止痛功效并且最为人所知的柠檬烯。据专家所说，已有充分证据指出，吸入这些萜烯会对人的心理产生积极的影响。举例来说，吸入柠檬的香气刺激乙酰胆碱（一种能促进主管思考和记忆的神经细胞彼此沟通的分子）的产生。

有关树木产生的有机化合物仍存在许多谜团，我们不妨在此厘清。要知道，我们甚至无法确知这些有机化合物对生产它们的树木本身的功能：有些可能用来防止害虫（就好像各位喷驱蚊水那样），相反，另一些可能是用来吸引特定的昆虫（而这些昆虫也许以害虫为食），还有一些可能是单纯的排泄物（比如说我们流汗时所排出的毒素），如此种种。总之，不论其来源为何，无疑的是，这些化合物的用途值得继续关注，而我们应该增加对森林浴的研究，因为它或许是一种可行的治疗方式。到目前为止，西方医学还没有针对吸入萜烯的效果进行过深入研究，而这或许是因为人类还没办法帮山林里的空气申请专利。然而，有鉴于这些化合物的有效期很短，如果想要吸入这些化合物，比起中草药铺的柜台，最好还是亲自到某个美丽的松树和落叶松森林里的小径走一趟吧。

山里的花朵比较美

据说，山里的花是最漂亮的，但谁知道这究竟只是一则城市传说、一种陈词滥调，或者是一个千真万确的事实？从某种意义上而言，事情确实如此，因为这些花朵无疑是最耀眼的，而这有可能是演化的缘故。假使我们将同一科的两种植物拿来比较，但其中一种是高山植物，另一种是平地植物，我们会观察到，前者的花朵比较华丽而且比茎和叶大。它们显然不希望被忽视，而以浓妆艳抹的方式来吸引注意力！相较之下，平均来说，低海拔植物将其生物质的13%投注给花朵，而高海拔植物则投注了34%。

为什么会这样？

首先是因为山上的繁殖季节很短暂。假使身为生物的你想要满足繁殖这一生命的主要目的，那么你得在最多一两个月的时间里全力以赴。作为一朵花，你的目标是尽快地引来一只授粉昆虫，因此，预备，起！先别管叶子了（叶子小小的以抵御风和辐射），先准备好华丽而硕大的花朵。这便是冰川毛茛（鸦跖花）和桔梗（风铃草属植物）所采取的策略，相较于叶，这些植物的花朵非常巨大。

其次，在山里，风的力量是不容低估的。在山里，像平地的某些植物那样利用风来散布花粉具有一定的风险，由于植被不连续（这里有一丛灌木，而另一丛灌木却在悬崖几米外的地方）的缘故，许多花粉会被分散。而高山草甸又是另一回事了，其个体彼此非常靠近，而风（一般而言是比较柔和的风）便会成为运送花粉的好工具。天晓得风会将山地植物的花粉带到哪里去！最好还是依赖昆虫，它们无疑较为仔细，也因此比较可靠。但请注意，在强风的日子里，昆虫会为了保全自己而不愿飞行，以避免被风吹到几千米外的地方。这又是另一个减少繁殖时间的因素。

图29　无茎蝇子草及其典型的叶枕

无茎蝇子草在艰苦环境下的求生之道

无茎蝇子草是出类拔萃的“山民”，它们卓越的适应力可以说是到达了惊人的程度。无茎蝇子草牢固、结实、小心谨慎且果决，彼此相拥在充满巨石、石砾的土地和石灰质土壤这些其他植物不屑生长的地方，形成叶枕。在阿尔卑斯山脉和亚平宁山脉里，它们生长于2000～2200米的海拔处，存在着几个彼此非常相似的品种，诸位可能已知道它们的俗称。其枕头形状是用来抗寒防风的利器。在由小片的叶子所构成的保护伞下（此种构造正可以减少暴露于空气中的表面积和体积之间的比，从而降低蒸腾作用），植物建造了自己的小宇宙，一块由植物本身的落叶所形成的肥沃土壤。

简言之，它自产并以一个浓密的叶枕来保护其腐殖质，而由叶子所构成的保护伞也能为根部抵挡霜冻。这是一种非常专精的植物，生长在石灰质土地上，不像其他的品种那样喜欢生长在硅质土地上。

当冰变成粉红色

有幸造访冰川或只是曾经在夏末的高山雪地滑雪的人可能看见过被一层红红粉粉的颜色覆盖的雪。好吧，那是些单细胞藻类（雪衣藻），即一种从海洋到冰川几乎无处不在的水生微生物。

可是等一下，生长在冰川和积雪上的藻类？嗯，是的，尽管体积很微小，这些藻类必定是从不远处的水体起飞，最后才降落在积雪上的。它们非常微小，但适应力很强，能在很短的时间内迅速占领在夏天的时候含有液态水而在冬天冰冻的地表。

它们因抵挡紫外辐射（UV）而呈现出玫瑰红色，因为叶绿素（参与光合作用，导致叶子呈现绿色）吸收许多在可见光范围内的太阳辐射，而不吸收可以穿透并损坏细胞的紫外线。话说回来，这便是我们自己也试图抵挡的紫外线，因为我们知道它会损害我们的细胞。此外，山区的紫外线比平地的来得强烈，但藻类并不使用防晒乳自保，而是产生人称类胡萝卜素的橙色色素，以吸收叶绿素无法吸收的紫外辐射。

除了红藻之外，高山溪流里的一些甲壳类生物以及一些植物也采取了这种抵抗紫外线的策略，它们的叶子趋向于红色。

第十四章

山里的居民

野山羊的策略：为何它几乎不会从岩壁摔落

想到野山羊，一般而言，我们会想象它攀在某块岩壁上，背后还有一座白雪皑皑的山脉的苍白轮廓。好吧，这可不是一个神话里的景象，是真实的场景。野山羊特别喜欢待在高山牧场的岩壁上，假使你碰巧在大草原上遇见它，你很可能会发现它真的有点不自在，因为背后没有岩壁的屏障或一颗可以跳上去的石头，它几乎可说是尴尬的。它的身体是适应的结果，为了让它能生活在岩壁上的一项“匠心独具的设计”。

它有四条短而壮的腿，让自己在跳跃时保持低重心，还有一个强健的身躯。它也许不像羚羊那般轻盈，但拥有较有力的肌肉，对自己的动作有绝佳的控制力（可跳5米高，也能做较为细腻的动作，因为若是栖息在岩壁上的话，可不能失去平衡）。更别提它的蹄子了，真的很特别：外缘锋利而坚硬，帮助它抓紧岩石的每个崎岖不平之处，而其内侧（就是蹄底的部分）就好像攀岩者专用的橡胶鞋那般柔软。对应于山羊蹄的第三和第四趾的两个蹄叶彼此分得很开，从而可以像是两只独立的鞋一样抓住地面上的凹凸面，因此，在某些情况下，山羊的四条腿可以有八个重心。有了如此的调整能力，跌跤、翻跟头的可能性显然微乎其微，但并非不可能。的确，有人曾描述过山羊摔落30米的岩石陡坡之后，又若无其事地蹦蹦跳跳了起来。

现在，我们将它与羚羊做比较。相较于山羊的蹄底，羚羊的蹄底由稍微较硬且较不具弹性的角质所构成；此外，在两个蹄叶之间有一个膜，便于它在雪地上行走时蹄叶能够张开，以形成雪鞋一类的构造。羚羊的腿比较长、灵活而且纤细，有利于它在草坡上奔跑，在冬天时可以更容易在雪地上行走。然而，虽然它行走的时候也会奔跑、跳跃，但是它慢走时的步伐则不如山羊那般精确。

冰上生机盎然，但植被小巧

没有污染但不宜人居，这就是我们想象中的冰川。然而，事实并非如此，要知道生物学家已经将冰川视为一种生态系统，就如同湖泊或森林一样。在这个生态系统里，生命形式存在于融化的冰川中，里面可以找到能够进行光合作用的生物体（比如说细菌）。

如果想要一探这个生态系统的究竟，诸位下次在夏天去冰川时，请看看冰川的表面上是否有一些坑洞。观察的同时，你们可能会注意到一些灰灰的淤泥，甚至还可能看见细石。也许，正是那块因阳光而变色的小碎屑，不断地在周围挖掘出一个坑：一个真正的夏季迷你小湖。在那一丁点的水里就可能有一个生机盎然的微型宇宙。在这个很少有生命形式能够适应的生活环境里，充满着各种微生物。这些生物学家称之为冰穴的小坑成了研究的新领域。的确，了解这些微生物如何适应极端环境，如何应付大幅波动的温度，对制药等行业有启示。举例来说，在挪威的斯瓦尔巴群岛，研究人员在−20℃的冰穴里采集了细菌样本，里面发现的硅藻竟有27种之多。

据研究人员的说法，细菌多半是由风携带至此，但是也有其他细菌以较为高贵的方式来到冰川。的确，云所携带的细菌充当了雪晶的凝结核，在降雪时沉积在冰川里，然后耐心地在那里等待夏季和融雪的来临，就此展开了细菌的冰穴故事。然而，这个故事可能继续发展下去，因为细菌只是食物链开始的一端。冰穴及其所含的细菌位于食物链的底部，它们固定氮和二氧化碳，并启动了一个制造养分的循环，而这些养分后来会被冰川携带并释放至下游。养分可能抵达一个高山湖泊，成为栖息在水体当中的浮游动物（悬浮在水中生活的动物）的食物（例如，一些小的甲壳类动物和昆虫的幼虫），而后者则可能成为小鱼的食物，以此类推。的确，沿着食物链向上，我们会找到餐桌上供人享用的湖鳟，湖鳟的食物可以以某种方式追溯回到冰川细菌。

冰川也有跳蚤

我们也可能在冰川上发现喜好冰川融冰水的雪地跳虫（其拉丁文学名为*Isotoma saltans*），长度3～4毫米，以花粉和自己从冰穴里“钓”来的东西为食。雪地跳虫是真正的山民，因为甚至在海拔6300米的喜马拉雅山也曾寻获它们的踪迹。

研究了它们的运动习性后，有科学家指出，在风的帮助下，雪地跳虫跳啊跳，每天可以行300米。它们非常耐寒（好吧，毕竟，它们也是逼不得已），可在−15℃以下保持活跃状态，假使温度高于12℃，它们便要面临严重的生存问题了。

然而，除了雪地跳虫之外，冰川里也可能有甲虫、蚊子，甚至鞘翅目的生物。

我们已经了解到有些动物非常耐寒，但问题是，它们是如何办到这一点的？跳蚤和蚊子的体积很小，这一点并不利于耐寒，因为相对于暴露在寒冷中的体表面积，身体的体积实在太小。对它们来说，降低体内水的冰点是对抗这个问题最有效的策略之一，这让它们仿佛拥有了一种天然的防冻液。举个例子，假使把一瓶伏特加放到冰柜里，伏特加会冷却，但不会结冰，因为其所含的酒精成分会降低凝固点（酒精的凝固点是−117℃，因此，在一般的冰柜里，酒精浓度40％的烈酒的凝固点又会降至−15℃）。作为防冻剂，雪地跳虫偏好（并自行产生）二醇，二醇会阻止冰晶的形成（否则冰晶会损害动物的细胞，就好像我们冻伤时那样）。撇开这一点不谈，雪地跳虫其实有个相当简单但也许有点冰冷的生活，因为没有其他生物的伴侣关系带来的那种乐趣。雄性的雪地跳虫将精子留在冰川上，假使有雌性跳虫正好到了那一带，便可以领取精子，它们身为生物的第一要务（即繁殖）就此达成。

兽类顺利度过寒冬的招数

对于所有人而言，冬季是一个无可奈何且辛苦的时期，觅食不易，结冻可能导致缺水，此外，还有寒风和低温。但是我们得熬过这段日子，等待春天的来临。然而，对于许多动物而言，冬天并不像我们所想象的那般艰难。

青蛙等体型较小的冷血动物会潜入湖泊（其温度保持在略高于0℃左右），然后耐心地等待冬季的结束；其他像是蝾螈或旱獭一类的生物则选择在窝里冬眠。不要忘了，地底并不是那么冷。那里不仅没有风，而且除了将兽穴与地表分隔开来的土壤层之外，上头的积雪本身更是最有效的保温毯。没错，这难以想象，但积雪确实是一条保温毯：积雪的缝隙里夹带的空气有隔绝的功效，即使外面正下着暴风雪，气温会下降至−15℃，在1米深的积雪之下，温度可以保持在0℃左右。好吧，这已经是15℃的温差了。相反，在30厘米深的地方，温度大约是−2℃，这意味着温度在很大程度上取决于雪的厚度，相当于我们所穿毛衣的数量。这就是为什么对于正在冬眠的旱獭而言，大雪是受欢迎的。冬眠期间，旱獭陷入深度睡眠，任何外在的干扰、噪声或振动都无法把它唤醒。它的心脏原本每分钟跳动120次，此时可以下降至5～10次，而这就足以维持它的生命，并将其体温保持在0℃以上（从原本的35℃降到5℃）。这一切都是为了将能量的消耗减至最低，因为冬眠可能持续6个月，直到春天来临之前，旱獭只能消耗秋天时疯狂进食所储备下来的体力。只有在体温骤降至0℃以下时，旱獭才会醒来，因为这意味着它为自己建造的公寓有什东西出了差错，它必须设法做更好的隔离，然后回头继续冬眠。

熊也有在冬天休息的习性。当食物来源开始短缺，气温经常降至0℃以下的时候，它们的本能会警告它们，该准备过冬了。熊进入冬休，一种类似于冬眠而比较浅眠的状态，假使诸位路过熊的巢穴时太过嘈杂，也有可能把它吵醒。

至于山羊，情形便大大不同了，冬季可说是山羊的休息期。首先，冬季时，除了短而浓密的夏毛（2～4厘米）之外，山羊身上会再多长出冬毛（4～12厘米）和一层非常厚、隔离效果极佳的底毛。除此之外，它们会到海拔较低的地区，寻找面向南方的岩石坡，利用每一个有太阳的日子来让身体变暖。的确，山羊所做的似

山地动物的足迹是辨认它们的好线索

要在山里遇见羚羊、狐狸、旱獭并非难事，但要靠近它们就困难得多了。之所以这样是有原因的。直到20世纪中叶，山羊一直是狩猎者最喜爱的猎物之一，雄性猎物的头被塞满了麦梗制作成标本，悬挂在平地富豪家中壁炉上方，作为战利品。在单单一次的狩猎行动里，甚至可以猎杀多达30只山羊，而同样的情形也发生在几乎所有的山地哺乳动物的身上。因此，这些野兽显然已发展出一种不信任人类的本能，尽管目前情况已有所变化，某些山谷里的旱獭甚至直接从游客手中食用饲料。然而，有件事是确定的：如果你在哪个冬天里去阿尔卑斯山的某个森林里散步，在雪地上所观察到的脚印的数量和种类将给你留下深刻印象。我们能通过足迹得知动物类型，而在此类蛛丝马迹的暗示下，我们的想象力也可能因此开始驰骋，谁知道眼前那棵松树的背后会不会随时跳出一只马鹿呢？

驼鹿

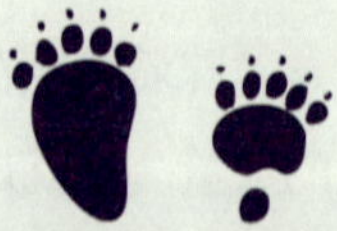
棕熊

灰狐

麝鼠

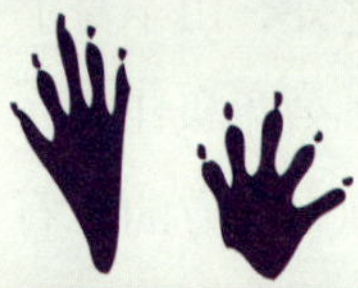
浣熊

郊狼

狼

致读者：附图中的足印并非按比例绘制。

乎便是名副其实的“日光浴”，它们借此补充能量，熬过艰苦的日子。它们不喜欢雪，因为它们的腿又粗又短，体重还是羚羊的两倍，穿越白雪皑皑的斜坡会耗费掉许多体力。

最后，靠储备能量过冬的还有羚羊以及马鹿。

山林中缺乏水和食物，但足迹几乎随处可见。这就告诉我们，即使在冬天，各种生命仍然相当活跃。

然而，对于像狼和狐狸等食肉动物而言，冬天着实具有挑战性，因为对它们来说，你知道的，戏总是要演下去：即使在一个食物来源几乎完全短缺的季节里，它们仍得继续打猎觅食。它们的毛皮变厚，并长出了一层短且非常致密的冬毛，除此之外，一切仍一如既往，它们持续打猎。

西藏喇嘛为何能在5000米的高海拔地区踢足球?

首先需要声明，在这样的海拔高度是没有什么人踢足球的，而居住在海拔2500米以上的1400万人当中，只有400万人住在海拔4500米以上的地方。那么，在那样的海拔高度踢足球为什么如此困难重重？对我们一般人而言，为什么连起床这样一件简单的事都显得很难？第一个主要的障碍便是气压（非高原低压）的降低：相较于海平面的气压，海拔3000米处的气压已经减少了30%，相较于海拔6000米处的气压减少了50%，而在珠穆朗玛峰的山顶处则足足减少了70%。总之，这就是我们常说的空气稀薄。

我们排除在珠穆朗玛峰比赛的可能，因为一旦球被踢出界外，我们得到2500米以下的地区捡球，甚至可能要到一个缝隙里捡，这肯定不会太有趣。在海拔稍低的地区，则有氧气减少的问题（缺氧），而这也会妨碍人体的运动，当然也伴随着非高原低压的问

雪绒花如何适应高山环境？

雪绒花是高山植物区系的代表性植物，但它原本并非来自于高山。而我们也不希望它是，因为我们知道大自然是没有政治疆界和海关的：雪绒花无疑是个“没有居留证的外来人口”，而许许多多的其他植物也像人类一样移民他乡，寻找适合生活和繁衍的地方。其中，雪绒花这个火绒草属的植物来自于明亮而干燥的中亚高地和喜马拉雅山脉。抵达欧洲后，它喜欢居住于干燥且阳光充足的高山地区，并且为了适应环境而长出了浓密的绒毛，但这并不是为了保暖（与我们所想有所不同），而是为了降低蒸腾作用。为适应山区严峻的环境，它减小了自己的体积（同时用来防风），并生出了凸出的生殖构造：因为可以进行繁殖的时间只有短短的几个星期，雪绒花决定全力以赴，以吸引昆虫授粉，生长出一朵相对于它的体型和叶子而言颇为巨大的花朵（实际上是一个花序，即一群或一丛花）。

但是严格来说，雪绒花并非高海拔地区的植物，因为它也生长在低海拔地区。此外，它并不是阿尔卑斯山高海拔花朵纪录的保持者，这个位置属于冰川毛茛。冰川毛茛是原生于北极地区的植物，最高可生长于4450米的高海拔地区：体型矮小（以适应山上强劲的风势），并具有用来适应低温的防冻剂（在低温的刺激下，一些基因产生出降低水的凝固点的蛋白质），它具有伸展的根部（一方面为了抓地，另一方面为了吸收稀少的水分）。

然而，在其他大洲，植物可以生长在更高的海拔。举例来说，人们在安第斯山脉5800米以及喜马拉雅山脉6400米的高海拔都发现有植物生长。

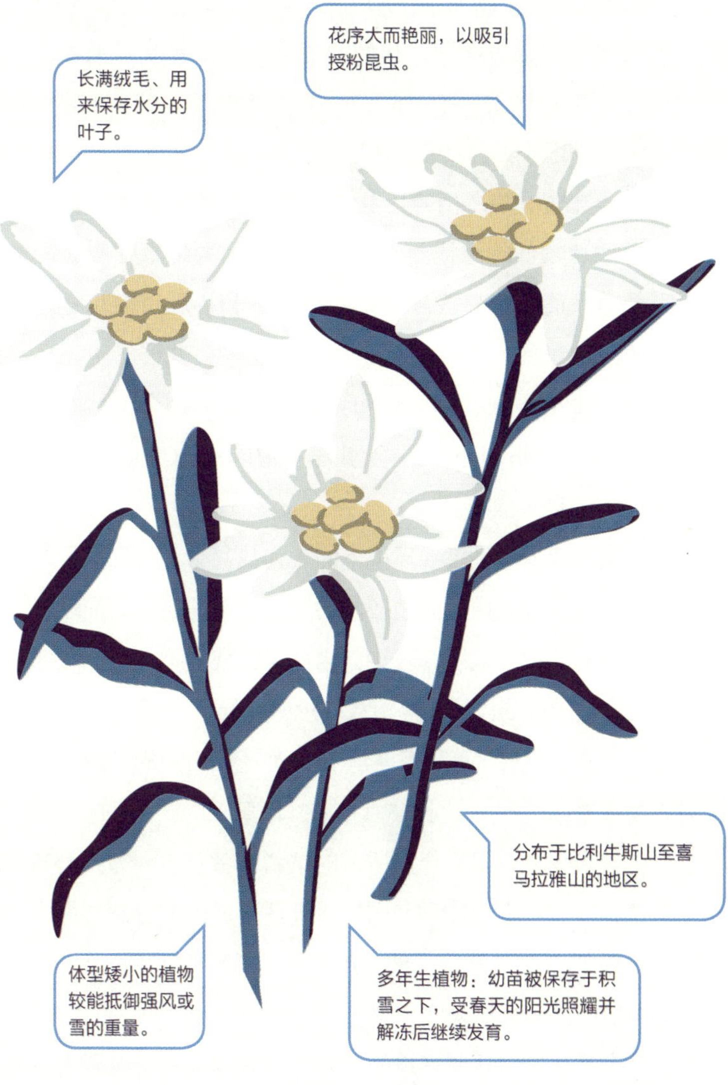

图30 雪绒花

题：在3000米的海拔，氧气量减少了30%，在6000米则约减少55%。因此，与空气稀薄相对应的是氧气的减少，而氧气是维持人体运行无碍的燃料。

如果这还不够，随着海拔的上升，绝对湿度——单位体积空气中水蒸气的质量也会降低。我们的身体，特别是呼吸道会排出水分，并有快速脱水的倾向，这是一种潜伏的现象，我们通常会在该现象进入后期的时候才会觉察到它。

因此，挑战尼泊尔南崎巴札的佛教喇嘛的足球队之前，我们最好三思。从较低的海拔而来，我们的身体会缩短呼吸时间并增加呼吸频率来适应高海拔环境，心跳速率和心理负担也随之增加（我要传球给谁呢？嗯，还是先坐下来想一会儿好了），还会有睡眠紊乱、食欲不振、偏头痛和强烈地想要去加勒比地区度假的愿望。在极端的情况下，便会引发所谓的高山反应（急性高山病，AMS）的种种症状。

成功地适应了这种极端环境下的人为数甚少，科学家们对于西藏和安第斯山脉地区居民的适应能力作了详细的研究，而埃塞俄比亚高原居民的状况我们所知较少。因此，让我们把焦点放在西藏和安第斯山脉地区的居民适应高海拔环境的差异上。

首先，必须提醒大家一件事，在人类迁徙历史的长河里，第一次有人类占领山区约发生于2.5万年前，而第二次则为1000年前。简言之，安第斯人便是我们今天所谓的“新来者”，因为我们知道，作用于遗传变异、促使物种基因慢慢地适应环境的自然选择机制需要时间。没错，以自然选择的角度而言，1万年的时间很少，但某些功能可能已经凸显出来。

这两个群体针对缺氧环境的适应策略差异很大。西藏人呼吸的效率高于安第斯人，不运动时，他们每分钟吸入氧15升，而安第斯人只有10升。对了，大家的肺活量呢？假使你们不是运动员，那么每分钟大概只能吸入5～8升的氧！此外，在缺氧条件下，西藏人没有对手：他们的呼吸频率仅是安第斯人的一半，而无论如何安第斯人的呼吸频率只等同于两个普通人的总和（没错，安第斯人的胸腔比我们大）。

也许是为了弥补这种失衡的状况，安第斯人仿佛因为缺氧的关系持续承受压力，其血红蛋白的浓度略高于西藏人。

还要坚持挑战西藏喇嘛吗？好吧，在吹哨开球前，诸位先好好地热身一下吧。西藏人肌肉的毛细血管的密度（每平方毫米有462条毛细血管）既高于普通人的（每平方毫米387条），也高于安第斯人的（每平方毫米400条），因此他们的身体能以更高的效率将氧气输送至肌肉。

你仍不放弃？好吧，请研究出一套无懈可击的团队攻势，然后祝大家好运了！

什么叫高山病？其危险性怎样？

除非你们是在珠穆朗玛峰的夏令营游区里阅读这本书的（而你们待在那儿已经有几天了），否则假使有人将你们载到山顶，你们大概不到2分钟就会昏倒。为什么呢？山顶的景观绝对美得令人无法呼吸，这点是肯定的，但比起美景，更令你们无法呼吸的是稀薄的空气。的确，攀登高海拔山峰所面临的主要问题之一便是高山病。历史上最初的几位登山者深知，没有氧气罐，登上喜马拉雅山8000多米的顶峰根本不可能。直到1978年，意大利南蒂罗尔的登山家莱因霍尔德·梅斯纳尔推翻了这种看法，证明了经过正确的训练，人可以不用氧气罐就能登顶喜马拉雅山。

在短时间内迅速登上3000米以上的海拔的山峰可能会导致高山病，而若是在短时间内登高5000米，即使是经验丰富的登山者也可能罹患此病。

高山病与我们的生活方式有关，它违背了“重要的并非目的地，而是过程”的道理。于是，为了抓住那有限的时间，我们一下子登上高处，没有给身体足够的时间去适应山区的环境。随着高度的增加，空气中氧局部压力也渐渐减少，到了海拔3000米以上，我们开始缺氧，身体进入戒备状态，及时地作出两种反应：换气过度，以及心脏借由脉搏打入动脉中的血容量（心输出量）增加，这两种临时的反应将更多的氧气输送到人体的各个组织。这种类型的反应由位于颈动脉附近的某些专门的感应器——化学受体所引发：这种类似于气候控制单元的东西，可以用来分析在环境中所发生的种种化学变化，将所发生的一切通知中枢神经系统，并导致呼吸频率的改变。

因此，高山病是身体发出的一种警告，仿佛在告诉我们：小心，你们进入了一个危险的地区。这个时候，初期的症状表现为头痛、一定程度的精神错乱、食欲不振、睡眠习惯改变和尿潴留，若发生呕吐、难以忍耐的头痛、嗜睡和意识混浊的症状，则告诉我们病情严重。

最好的预防措施是让身体能休息与调适。为此，你们应该预先在不同的海拔高度稍作停留，以帮助身体适应缺氧状态。某些顽固的人拒绝正视自己的身体状态，继续向上爬，最后会让高山病发展成高海拔肺或出现脑水肿等并发症，这可能是致命的。

肺水肿可能在抵达高海拔地区的几天后发生，血管中的液体侵入肺泡而阻碍呼吸。如何治疗？人体需要的氧气可以直接以呼吸方式取得，或借助便携式压力舱。当然，这只适用于紧急情况，因为下降至较低（至少500米）的海拔高度才是最好的解决办法。

脑水肿也有可能致命，这是一种罕见的病理现象，登上高海拔地区的人中约有1%会发生此种症状。这也是由血液中的液体外泄导致，液体侵入颅内，引发包括神智不清、轻偏瘫、协调性及平衡感的丧失等症状；早期发现，并快速下降到海拔较低的地区，便可加以治疗补救。

此外，高山上的低温、辐射和干燥都可能让我们的身体出问题。登山家一致表示，在海拔极高的地区，人往往不知不觉地进入介于意识与无意识之间的恍惚状态。我们当中的许多人或许不会经

治疗高山病的压力舱

这里小小的，有窗景，但没人想在里头度过哪怕一分钟的时间。这究竟是什么样的住宿处呢？这是山地救援队配备的压力舱。这种住宿处不外租，也无法在网络上预订，仅提供给患有严重的高山病、脑水肿或肺水肿的人在此接受减压治疗。事实上，便携式压力舱是一种便携式的防水袋，病人被关在压力舱中，由空气压缩机提供压缩空气（急诊室手册），制造出类似海拔2500～3000米处的大气条件。这是一个复杂而辛苦的过程，患者必须待在压力舱里好几个小时。舱外的医疗人员必须频繁地将富氧的空气注入压力舱中，必须尽早在氧气瓶一类器材的协助之下将病人移至海拔较低的地方。

历这一切，但对于几乎所有人而言，超过3400米以上的地区便是高山地区。

发生高山病时的“该”和“不该”

与其说海拔高度导致了高山病，不如说高山病导因于海拔高度的快速变换。经验指出，固执和无法识别上述症状才是问题变得严重和危险的主因。此外，有许多研究指出，即使优秀的运动员也无法幸免于高山病，因为这是个有关临时适应性或遗传适应性的问题（没错，遗传适应性需要几代才能发展出来）。但由于我们尚未发展出遗传适应性，我们待在山上的这段时间里要尽可能地不去适

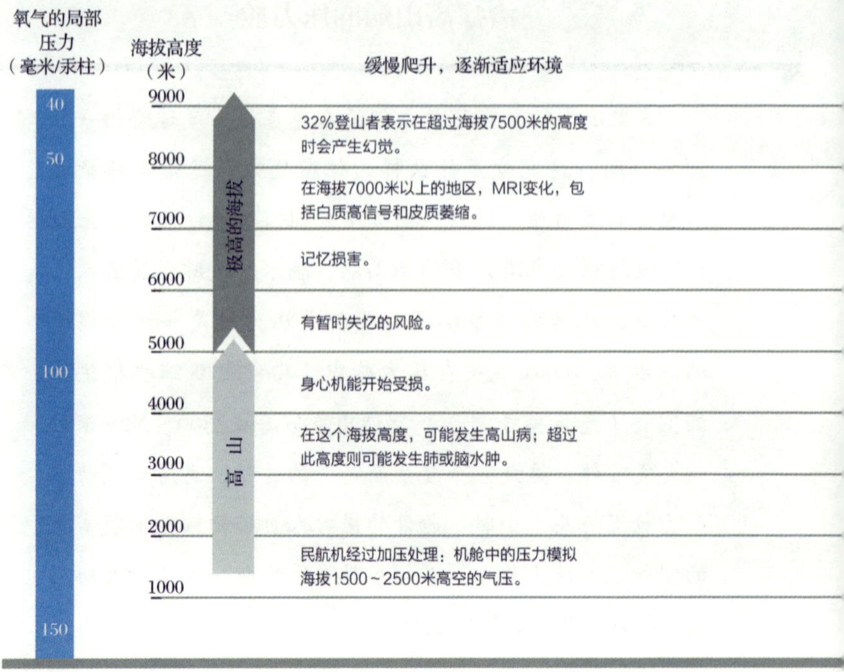

图31 人体随着海拔高度的上升所作出的反应

应。因此，在服用镇静剂或安眠药时要特别小心，因为此类药物会减少对于呼吸中枢增强换气的刺激，而后者是人体适应缺氧环境的第一策略，服用此类药物只会导致情况的恶化，酒也是如此。

在这里，即使没有感到口渴，也要经常喝水。的确，稀薄的空气除了缺乏氧气之外，还缺乏任何其他的气体，因此也缺乏水气。人就好像一块湿布，周围干燥的环境导致水分流失，因此，你们的身体比在平原时更需补充水分。此外，在高海拔地区，身体会制造更多的红血细胞给组织提供更多的氧气，所以血液的浓度会增加。据研究证实，在超过6500米的高海拔地区，每立方毫米的血液中可含800万个红血细胞（海平面处只有500万个），而这加重了血液循

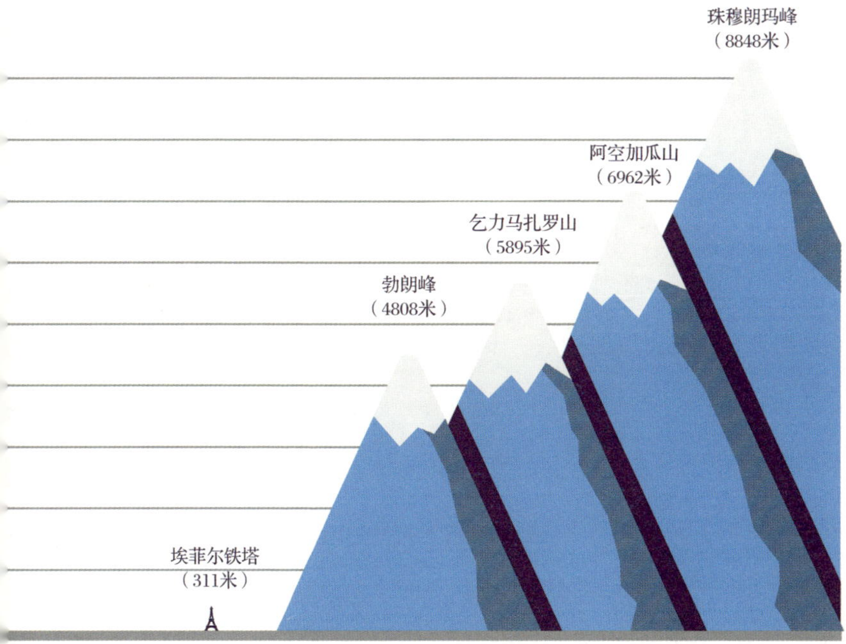

环的负担。

头痛若变得难以忍受时，只能下降至海拔较低的地方，因为在海拔1800米以下，各种症状都会在几个小时内消失。或者，你们可以往下走500米，几天到一个星期之后，身体会慢慢适应环境，这时可以再回到较高海拔的地方。

最后，食欲减退也是高山病不容忽视的症状之一。然而，这对我们的身材可没什么好处。的确，在短短的几天内，我们的卡路里摄入量可能会减少40%，为了补偿这种损失，我们最好摄取大量的碳水化合物，以防高山病恶化。

正如我们生活中许多其他的活动，最好的治疗是给身体时间适应。减少工作量，慢慢地登上3000米的高度，在该处停留一至两天，接着才启程，前往更高海拔的地区。

山脉的上面

第十五章

山里的冷与热

为什么气温随高度的增加而降低?

好好想想，这有些奇怪：现在是7月，山脚下的城里人都快热死了，但只需要向上走几千米，就不得不穿件厚毛衣。毕竟，一两千米的距离对于一个半径为6000千米的星球而言又算得上什么呢?这又是个有关气压的问题。

空气是由呈气态且不断运动的分子构成的混合物，其温度与压力息息相关：气体受压，温度升高，相反，气体膨胀时会冷却，反之亦然。因此，气体受热时会膨胀，受到压缩时则会冷却。

随着海拔增加，空气压力会减小，空气也因此变得较为稀薄且清凉。尽管太阳的辐射来自于上方，大量的阳光穿过大气层，抵达并加热地球表面。与我们想象的有所不同，直接加热低层大气的并非阳光，而是土壤、海洋和湖泊。简言之，随着海拔高度的增加，

为什么高山湖泊不会成为巨大的冰锥?

我们可以在上面滑冰（但小心，得视冰的厚度而定），虽然湖底仍保持液态（而鳟鱼也因此存话，否则，我们便只能从结冻的湖泊中网出一条条完整的冻鱼）。但为什么高山湖泊，包括只有几米深的那些，不会从湖面至湖底整个冻结起来呢?水分子不可思议的特性可以解释这个现象：水与其他许多分子有所不同，当从液态转为固态时，它的体积会增加而密度则会减少。这意味着什么呢？好的，首先，固态水会漂浮在液态水的上方，因为一个物体之所以漂浮在另一个物体上与密度有关（一种物质的密度即其单位体积内的质量：相同体积的石英的质量高于水的质量，因而会沉至水底，相反，相同体积的冰的质量则低于水的质量，因而会漂浮在水上）。

冬季的时候，湖面因为暴露在寒冷的空气下冻结，冰形成了一层漂浮的隔绝毯，将其下方的水与外界的低温隔绝开来。

要知道，对于下面的鱼而言，这可不是什么天赐的礼物。总之，水的这个特性对于动物和植物的生态具有重要意义。举例来说，鱼因此得以度过非常严寒的冬天。鱼是冷血动物，换句话说，鱼的体温与其所在环境的温度相同，如果水很冷，像是某些高山湖泊冬季的水那样，鱼的新陈代谢便会减缓，继续以此种状态维生。总之，它们有点萎靡不振而且有点孤僻，它们任凭时光流逝，在等待春天的同时吃得很少。

气压降低并膨胀，空气因而降温。你们之所以会感到温暖，是因为分子碰撞你们身体的时候，会释放出一点点能量。所以，假使分子的数量减少，你们的身体和温度计的增温便会减少。

实际上，平均而言，干燥的空气每上升100米，气温会下降1℃左右，但假使是潮湿的空气，则会下降大约0.6℃。为何有此差异？一旦飘浮在空中的空气达到露点（即100%的相对湿度）时，水蒸气便会开始凝结，形成云和雾。凝结的过程中会释放出热，而热至少会平衡一部分上升的冷空气。

山上比山谷里还热，这怎么可能？

我打了电话给城里的一个朋友，他告诉我他们那儿天寒地冻，但我们山上的温度却很宜人。这怎么可能？今天山上的温度比城里高出将近10℃。但我们刚才不是说过，随着海拔升高，空气会膨胀并且降温吗？

好吧，有时也会发生这种状况，换言之，有时候山上会比平原温暖，这种现象被称为逆温现象，往往发生在冬天，并在深夜至清晨期间渐渐减缓。冷、致密且重的空气从山谷流下，滞留在平原里，就好像在浴缸里一样，形成一种由冷空气构成的湖泊。这时，湿气凝结而形成冬季平原常见的雾。阿尔卑斯山的两侧皆有此种现象。太阳升起时，阳光透过山里清新的空气抵达地面，空气被加热；相反，平原里，雾气过滤早晨的阳光，地面温度保持低温较久，唯有随着时间，太阳的辐射使空气受热，导致水分再次被蒸发，让阳光能到达地面，加热四周的环境。一般而言，逆温现象影响前100～200米的大气，这个部分的大气维持较冷的温度：较上方的空气的确比较暖，但随着海拔高度逐渐增加，空气又会按照我们所知道的温度梯度递减。

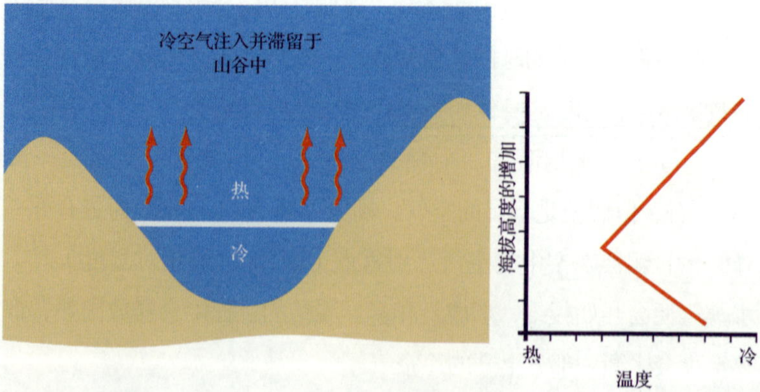

图32　逆温现象

如何防止冻伤？

或说如何御寒，那种可能导致低温症的寒冷。临床上，低温症指的是人体体温低于36℃的正常值。如果体温低于这个温度，会有生命危险（但也有体温下降了整整15℃仍幸存的个别情况）。人体通过产生热量，即消耗能量，以保持常温，当我们暴露在寒冷的环境中时，皮肤的感受器会向大脑发出警报，大脑便会启动一些策略来对抗热量的散失。血管收缩是人体首先采取的策略之一：血管紧缩，使得到达末梢的血液量减少，从而减少热量的散失（当然，这样一来手指和脚趾会冻僵，但对于害怕失去生命的大脑而言，损失一两根手指又算什么呢）。颤抖也是人体御寒的自然反射之一：人体可以借由收缩和放松肌肉产生热量，这当然很好，但我们不应该长时间这么做，因为无论如何这样的动作会消耗额外的能量。

而风在这一切当中起着重要的作用。举例来说，在一个−5℃的无风的日子里，以及一个气温0℃、吹着微风（时速20千米）的日子里，我们的身体所失去的热量是一样的。这意味着，风会加速蒸发作用（即人体失去热量的现象）：一个粒子蒸发了，风立刻将它吹走，接着便会有另一个粒子被蒸发，因此，风愈大，这种在马拉喀什的酒吧会大受欢迎的冷却系统的效率便会愈大。于是，这种现象比我们所想象的重要。看天气预报的时候，我们不应该只知道周末的温度就好，风的强度也很重要，这便是所谓的风寒效应。举例来说，在风寒效应下，假使我们身处在−15℃并且吹着时速60千米的风的环境中，皮肤所感知到的温度约为−30℃。只要在没有防护的状态下暴露在这种条件下半小时，我们当中的许多人便会有严重的冻伤风险。

为了避免冻伤应做与不应做的几件事

应做的几件事：

1.优先保护头部。的确，大家应该知道我们所失去的热量当中有70%是从头部失去的！

2.唯有在抵达安全的环境之后才脱下浸湿或汗湿的衣

物，因为它们会使身体温度降低。人体产生的热量导致水分蒸发，而水分蒸发时又需要更多的热量，大家猜一猜，在隆冬时一条冰冻小径上的水分要去哪里取得热量？它只能从我们的身体里取得热量，导致体温下降。然而，这还涉及另一项因素：我们的保暖衣基本上是将空气（空气是一个很好的绝缘体）困在衣服里，接着我们的身体从内部加热，不让它与外部的冷空气混合，但如果保暖衣是湿的，情况便有所不同了。水是一种极佳的导热物质，因此，你们的身体所产生的热量会更有效率地传向外部，散失在寒冷之中，导致体温下降。

3.不要洗热水澡。30～35℃的温水澡较好，不要超过这个温度。使身体温热的过程必须是渐进的，才不会导致心脏休克，并避免让受害者有烧伤的危险，因为此时的皮肤可能已被低温破坏。

4.防止冻伤。在低于0℃而且有风的条件下，耳朵和手指可能会在几分钟内冻伤，组织中的水分会凝固，并破坏血管和皮肤细胞。皮肤冻伤时会显得苍白，唯一应该做的不是摩擦冻伤的部位，而是让该部位靠近身体受保护且温暖的部位，如腋下、大腿等处。

不应做的几件事：

1.不要以运动的方式帮助低温症患者热身。运动无疑能产生热量，原则上说动一动对身体是好的，但我们只建议轻微（即体温不低于35℃）的低温症患者这么做，否则，可能会带来相反的效果，导致病情恶化。

2.不要出汗（所以，如果你们正在做徒步旅行，请放慢脚步）。汗水是人体过热时用来排热的一种产物，我们可不想在有低温症风险的状况下丧失热量。

3.如果低温症很严重，不要把受害者带到壁炉或暖气机旁那种太过温暖的房间，因为这样会有过热的危险。在山上，必须采取冷热交错的渐进式加热，否则会有导致患者血压陡降的风险，有时甚至会危及生命。

4.不喝白兰地，喝点暖的东西。最好的做法是喝一点温热的含糖液体。酒精作为一种血管扩张剂能在短时间内制造温暖的感觉，因为它会增加皮下以及四肢等部位的血液循环，但这种热量会在短时间内散失，带来相反效果。此外，酒精的摄取会让已经处在压力之下且必须作出重要决定的大脑变得更不清醒：这么做无异于对在积雪山路上驾驶校车的司机做鬼脸。

5.不要加热冻伤的部位，然后又把它暴露在寒冷中。也许冻伤的组织并未完全损伤，让它们维持冰冻一段时间也许不会带来不可逆的伤害。

相反，温暖后再重新冷冻，可能导致该部位完全受损。

6.不要摩擦冻伤者的皮肤来生热。这么做只会制造出温暖的错觉，但这种温暖不会渗透到体内，反而会因为导致颤抖中断而降低体内热量的产生（而我们之前已经看到过，颤抖是人体用来保暖的一种自然反射）。因此，我们不如专注于头部的保暖，因为人体的热量多半由头部流失。

两个背对背的世界

我们已进入了能量的世界，在离开之前，我们不能不谈论在山里对于植被和动物的分布以及城镇和牧场的位置起着重要作用的元素：太阳的照射。在北半球里，一株被迫生长在山脉北麓的植物可能会过得很不开心，因为那里像北极一样缺乏太阳照射。这株不开心的植物被迫看着对面山谷的同类绽放出五彩缤纷的花朵，并给正在米拉蒙蒂酒店（意大利文里，米拉蒙蒂Miramonti的意思是“看见山的地方”）露台上嬉戏，给成千上万的游客带来欢乐。

让我们举个极端的例子：就以一株生长在瑞士艾格峰北麓山脚下的虎耳草为例好了。这株植物终其一生都无法享受直接的日照，而必须满足于大气散射至地面的漫射辐射（平均值为直接照射的10%）。一年的365天里，这株植物背后那座3900米的高山会给它带来阴影，山壁的岩石永远被冰雪所覆盖，而假使它得知自己生长在艾格峰所属的山脉南侧的同父异母的妹妹正晒着太阳，就算它没冷死也会嫉妒死。尽管生长在相同的海拔高度，它那同父异母的妹妹即使在隆冬也能享受到难得的阳光，以及岩石白天在太阳辐射的照射之下所产生的热能。举例来说，即使气温骤降，在气流的影响之下它被湿冷的云雾包围一整天，阳光与岩石的热能也会给它保暖。

假使对于植物而言，太阳照射的角度是个关乎生死的问题，对于动物而言，则可能意味着必须迁徙并找寻一个有日照的山坡，而对于米拉蒙蒂酒店而言，这意味着必须设法取得许可，以扩建露台来吸引新顾客。

我的面怎么煮都煮不熟

在山中煮面总是令人很失望，这几乎跟尝试在海水里煮面没什么两样。然而，在山上，面之所以煮不熟与水的化学成分无关，而这再一次与气压有关，气压决定液体的沸点（而在此情况下在于水）。海平面处的气压为1个标准大气压，水开始沸腾的温度则是100℃（即水开始从液态转变为气态的温度）。为了让大家能明白我的意思，这就是你们煮面所想要的温度。当我们来到海拔高度较高的地方，我们头上的大气比较稀薄，空气的密度较小，而压力也因此减小。至海拔2000米处，沸点已经下降到93℃左右，而在海拔300米处则下降至90℃左右。因此，当你们把面放到滚水里煮的时候，你们实际上是以比包装盒上所标示的温度低10℃的温度在煮面，而你们将不得不多等几分钟，面才会煮熟。总之，在较低的温度下所煮出来的面的口感会稍微有点不一样。

第十六章

雨，风，闪电！

为什么夏天的时候几乎总是在午后下雨？

晴天：稳定的天气，阳光明媚的早晨，晴朗的天空和安排好的野餐，总之一切都照计划进行。但这只发生在下午之前，下午时浓密云层开始在你们的头顶上形成：17点整，雷暴准时报到，就好像昨天、前天以及大前天那样……

这种天气主要发生在夏季。这种高山常客非常熟悉的天气的循环机制往往在风平浪静、阳光明媚的日子里启动，早上的时候清新的空气吹向谷底，而在下午时可能带来降雨的暖风从山谷往山峰的方向吹，然后就大功告成了！

白天的时候，山壁温度升高，山壁附近的空气也随之增温。而我们的确也已经知道，气体若被加热，其体积会膨胀，密度减小，因而有上升的趋势。是的，这种情况也发生在山区，一些热空气的气泡从受到日照的山壁脱落并上升，而老鹰和那些滑翔伞飞行人员正是借助这种气流爬升到更高的海拔。热空气的气泡所到之处不会留下真空，而是从谷底招来所谓山谷的微风，即上坡风（其名称来自希腊文的anabatikos，意为“向高处去”）。

那云和雷暴呢？要了解它们是如何形成的，我们必须进入上述沿着山壁上升的热空气气泡中，想象自己跟随着它们爬上山坡。正如我们方才说过的，在上升的途中渐渐冷却的空气带有一定量的蒸气，而夏季由于天气炎热，空气中湿度较大，因此蒸气量可能会相

图33 下坡风（上）与上坡风（下）

当大。在此，我们必须引入相对湿度的概念，相对湿度即单位体积空气中实际水蒸气的分压与相同温度和体积下水饱和蒸气压的百分比。这意味着，随着温度的降低，相对湿度会增加，而空气会接近饱和状态。一旦相对湿度超过100%，水气会凝结并且立刻形成极为微小的水滴，这些水滴轻到可以悬浮在空中（云、雾）。水气持续上升，而由于凝结作用不断发生，这些水滴也不断成长，一旦云饱含水分而气流无法继续支撑水滴的重量，便会下雨。

还不止如此，因为故事还有后续。的确，到了傍晚的时候，空气变冷，云层消散，夜里的天空又恢复晴朗。山峰和山坡先前以什么样的效率和速度增温，现在便以同样的效率和速度恢复凉爽，将先前所吸收的热重新释放到大气中。简言之，发生了相反的现象：山区凉爽的空气变得比山谷的空气沉重且致密，并沿着山坡向下流动。于是形成了所谓的下坡风（其名称源自于希腊文的katabatikos一词，意为“向低处去”，而我们先前也已经看到与其相反的上坡风），下坡风从山上往山谷里吹，空气于是恢复清新……而隔天，同样的循环又会重新开始。

焚风：山里的风

焚风是所谓的被迫抬升的风，可能导致上述的上坡风和下坡风的循环中断几天。当来自于地中海的湿气被推往阿尔卑斯山，并被迫沿着迎风坡上升，越过山脉，并在背风坡下沉，其气流循环的范围更广，影响也较大，影响范围涵盖欧洲的这个地区。

举个例子来说，假设有一个气团被迫要越过一座2000米高的山，在气团上升的过程中被一阵强大猛烈的风推挤，其空气会迅速膨胀和降温，达到一定的海拔后，空气冷却会导致水气凝结，而空气本身的气压梯度也会因为云层凝结时所释放出的潜热而下降。

因此，在云层凝结的过程中发生了一件重要的事，即空气冷却的速度减缓了。假设该冷凝作用是在海拔1100米左右处开始的，在最后900米内，每100米的路程气温仅下降摄氏0.6℃（若是干燥的空气，则会下降1℃）。如果我们以海平面处20℃起算，山顶的温度大约会是3.6℃。空气沿着背风坡下降时已经干燥（因为另一面已经下过雨了），它会以每100米1℃的梯度增温，而等它抵达海平面的时候，它的温度会是23.6℃，那里会出太阳，空气干燥且干净。空气增加了3.6℃，这并不是因为空气吸收了能量，而仅仅只是因为空气变干燥并被迫压缩（物理称这种现象为绝热增温，相反的现象则称为绝热冷却）。

当然也可能形成从北往南吹的焚风，这时背风坡的空气（也就是南面的山坡）非常干燥，容易引起大火。

焚风可能会非常强烈，时速甚至可能超过100千米。不只有阿尔卑斯山地区会形成焚风，北美洲也有一种性质相似的焚风，人称奇努克风。

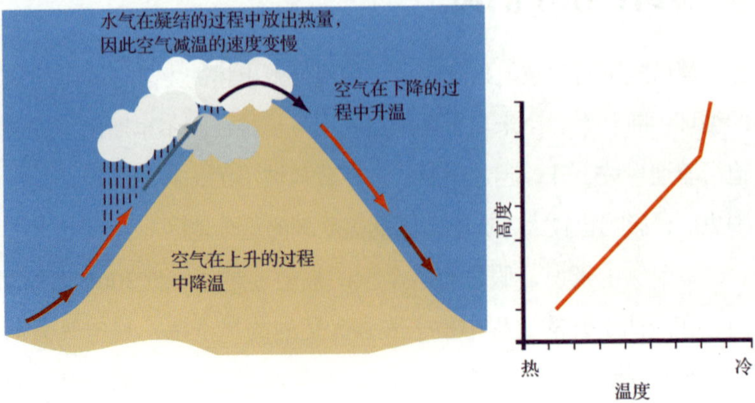

图34　焚风的原理

荚状云：山区典型的云

富士山山顶上那类壮观的荚状云是罕见的。有些时候，脸书（Facebook）或推特（Twitter）的页面会有这种令人叹为观止的画面。事实上，荚状云是山脉沿线很常见的自然现象。

荚状云呈波浪状，形成于山顶处，当持续不断、强劲而潮湿的风，有时从不同的层次越过山脉时，荚状云也可能在背风坡形成。空气被试图越过山脉的风向上推挤而冷却，水蒸气因而凝结成云；翻越山顶之后，空气在下降的过程中增温，其热量正好足以导致水分再度被蒸发。从远处看起来，山顶的这些云看似稳固坚实，但事实并非如此：风朝着某个方向吹，水气在山顶处凝结，接着又在背风坡被蒸发，在此，气流可能会继续前进并形成绵延好几千米的大型波浪状云层，云层以惊人的规律性排列为连续的波云。

登山者知道这类的云层是下雨的前兆，因此，一旦看到荚状

图35　荚状云

云，明智的做法是开始考虑找一个栖身之处。飞机所喷发出的凝结尾也可以作为天气是否稳定的指标。假使高海拔地区的空气是干燥的，气流会迅速消散。相反地，假使空气是潮湿的，凝结尾会持续相当长的时间，然后被风带走。

落叶松等松科植物是否真的会吸引闪电？

回答为：既可说是，也可说不是（科学家从不提供明确而不含糊的答案）。当云层和地面之间产生电位差的时候，便会产生闪电的现象：带电的云层将电荷释放到地上。

电流的速度很快，它会寻找最短的路径释放到地面。因此，迎向天空的树木、钟楼和烟囱几乎可说是无时不在欢迎电流尽快抵达地面。木材本身是导电性很差的物质，但问题是，雨水将树木淋湿，水的导电性很高。而电荷并非均匀地分布在物质之上，物质尖端处的电荷比较密集，这才是引来闪电的主因。因此，落叶松等松科植物（尤其是有点落单的那些），就像是突出的尖端一般，电流会以窜向避雷针的方式往它们身上集中。

另一个问题是，被闪电击中的树木可能会因为树皮中的水分突然增温而爆裂，增温的水分突然转为气态而导致爆炸。因此，闪电时，我们必须与树木保持距离，因为被雷击中的树木会在周围形成一个圆形的电场。与树木保持30米左右的距离就足够了，因为在这个范围之外，电流早已被释放到地面。

就连岩柱、花岗岩尖顶或特别突出的山峰也可能吸引闪电，但这主要是因为它们尖锐的形状，而不是因为它们本身的导电性。因此，雷暴将至的时候，我们应该远离山脊。

第十七章

雪的科学

雪是如何形成的？

让我们尝试进入一个冬季的云层。我们会发现那里湿度极高，温度可能会低于0℃，而空气中可能会有一些后来会被当作凝结核的悬浮颗粒（包括粉尘、孢子，甚至细菌），雨水水滴和雪晶围绕着它们而形成。接着，让我们设想那里的空气不仅已经超过蒸气的冷凝温度，并且在很短的时间也超过了水分子结晶的温度。这便是所谓的凝华过程：因为太冷了，水从气态转为液态最后转为固态的常见程序被跳过，水来不及变为液态便从气态直接变为固态。水蒸气开始围着空气中的悬浮灰尘结晶，随着新的分子彼此连接，晶体渐渐成长。我们所说的是像石英或红宝石一样的真正的晶体，这种晶体由最为有序且结构对称的分子所组成，因为这些晶体呈现出最佳的分子排列顺序。所谓的“最佳排列顺序”指的是能赋予晶体最大的稳定性的结构。在此种结构当中，比邻的原子之间的排斥力降至最低，吸引力则增至最大。水晶体呈对称的六角形，无论是冰川里的冰或冰雪中的雪晶皆如此。雪花是雪晶体相互依靠生长而成的聚合体，具有各式各样的形状，但绝不轻易放弃其对称的六边形形状。

因此，我们千万别以为雪就是冰冻的雨水（冰雹才是雨水冰冻的形成物），因为雪其实是水蒸气形成的真正的晶体。

雪晶体的形状和大小则取决于湿度和空气的温度。举例来说，有些研究指出，圣诞节时点缀着幼儿园和小学的窗户的那种大片的枝状雪晶体往往在−10～−20℃之间的高湿度环境下形成。水蒸气首先沿着晶体的分支结晶，从而为后续结晶提供支点，分支伸入充满湿气的环境。这就是为什么在特定的条件下，雪晶体会发展出许多复杂的分支。

在雪的形成过程中，气流会支撑雪晶体，但一旦雪晶体超出一定的重量，便会坠落到地面上。假使雪晶体在坠落的过程里穿过高

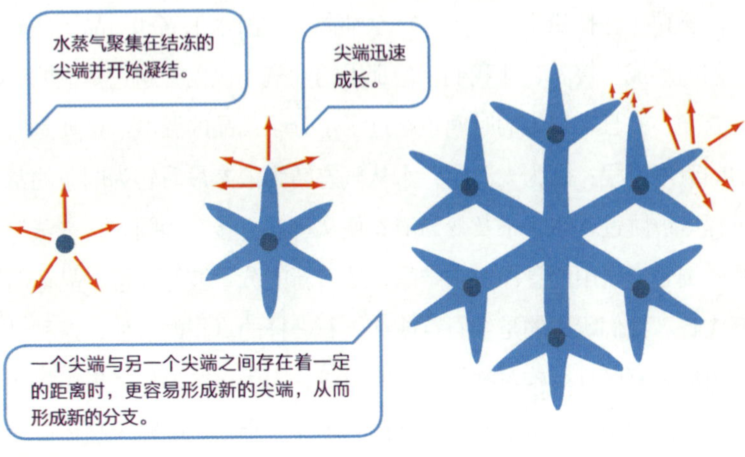

图36　雪晶的形成

图37　雪晶体坠落到地面上以后的各种变化

于0℃的气流带，某些雪晶体的尖端会液化，更容易撞黏形成雪花，地上会形成体积相当大的聚合物。相反，如果温度非常低，雪晶体不会结合，落在地上的雪将干燥且呈粉状。

雪为什么是白色的?

冬天将一切染成白色。白毯般的雪，白色圣诞节，纯净而白色的雪。是啊，但为什么这一切都是白色的？首先，让我们来谈谈颜色和光。太阳辐射中的可见光（即我们称之为光、我们的眼球所能感知到的东西）由彩虹般的光谱组成。一个不透明物品的颜色是由该物品所不吸收的一系列颜色所构成。举例来说，青草之所以呈绿色，是因为它吸收了除绿色以外的各种可见光波段，但只反射出绿色；此外，一张白纸之所以看起来呈白色，是因为它反射出那些会被人眼睛感知为白色的可见光波段。相反，一个透明的物品在我们的眼中是无色的。

雪由无数不透明、不透光的半透明微小晶体所构成，这意味着照射到雪里面的光没被吸收，而是略微改变路径继续前进。光绕过一个又一个结晶，最后重新抵达雪的表面，然后反射到大气中。没吸收可见光辐射的任何部分，我们的眼睛感知整个可见光谱，而它正是白色的。

雪会反射照耀到它身上90%以上的辐射，包括令人感到惧怕的紫外线、微波等，这就是为什么第一道太阳光照到雪的时候，雪并不会轻易融化，而我们在雪地里的时候，最好一直戴着墨镜，涂抹防晒霜。由于山中空气稀薄，比起大海或平原等地，山上有更多的紫外线，加上那些由雪反射出来的光线，在几个小时内，我们的皮肤细胞和视网膜都可能受损。因此，洁白的雪万岁，但……要提防白色！

雪花的故事

在自然界里，很少有物质像雪这样多变、不稳定且脆弱。如果你们询问专家或登山者，他们只需要以肉眼从远处观察，便能分辨出某个山脊、某个山谷，或某个背阴的斜坡上的积雪彼此之间的不同。举例来说，几米之内，我们可能就会从一个非常安全的区域到一个极有可能会发生雪崩的区域。然而，在我们普通人的眼中，它们都是一片雪白。

如果降雪发生在无风且气温低于0℃的情况下，雪会静静地落下，而且很松软。但是雪一旦落到地面，它的外观便会起变化。举例来说，温和的天气里，只需要一点风或者是重力作用，雪晶体的枝叉便会遭到破坏，而风会压缩表层的雪。假使气温为0℃左右，雪可能会变得湿而黏，其枝叉的某些部分可能会融化，晶体因而结合：在这种情况下，雪几乎呈胶状。此外，也可能会发生以下的情形：雪的表层稍微被浸湿，在夜里因为寒冷再度冰冻，形成了足以承受你们体重的硬壳。最后，在下大雪的情况下，最深层的积雪因承受表层雪的重量而开始发生变化。总之，一旦雪晶或雪花落到地上，便会发生一系列的变化：雪晶的形状和大小会根据其厚度、空气的温度和湿度以及辐射而发生变化。

最后的变化是融化与冻结，发生于水流入雪中的时候，春季常见。水渗入雪中，导致较小的雪颗粒融化（事到如今，枝叉分明的雪花仅是一个遥远的记忆），并包围那些较大的颗粒，使后者体积变大。大家注意看：春雪由体积相当大（如沙子或砂砾般大小）的

真的不存在两片一模一样的雪花吗？

要找到两片一模一样的雪花确实很难，难得不得了，但我们是否可以完全排除这种可能呢？好吧，我们至少得承认我们很难证明这个说法的真伪。原因很简单，因为我们无法将所有的雪花拿到显微镜下观察，所以要找到两片一模一样的雪花几乎不可能。以分子而言，发现两个一模一样的分子的概率接近0，因为从统计学的角度来说，要找到两个分子分布相同的晶体几乎不可能。

最简单的雪晶体呈六边形片状。然而，雪的特性是，形成于流通的空气中，随着气流东奔西跑，因此其所处环境的湿度和温度总是不断地变化。我们所说的是很微小、几乎无法感知到的变化，而雪晶体的形成亦是如此：雪晶

体根据一定的结构不断成长，直到温度或湿度发生微小的变化改变其增长方式，以此类推，直到它停止增加，最后落到地上。雪花保持其对称性，因为整个雪晶体都处在相同的环境之下。举例来说，同样的枝叉既会长在左边也会长在右边，但一旦雪晶体被推到云的另一个部分，环境因素便会有所改变，雪晶体的生长方式也会产生变化。假使雪晶体能悬浮在空中不断成长，成长为大如石英的晶体，它肯定会形成一些肉眼可见的瑕疵。但早在这发生之前，雪晶体便已坠落到地上，被某个小女孩捡起，而她正捏着雪球，准备对她最喜欢的同学发动攻势。

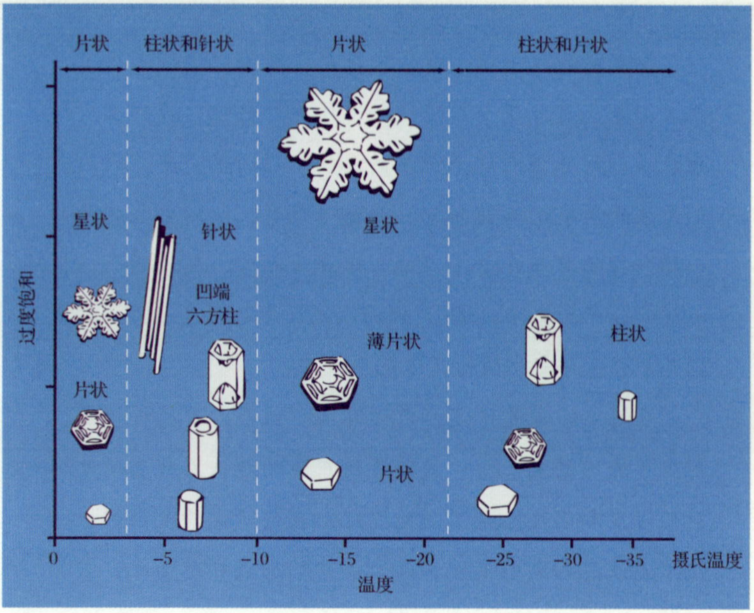

	硬而有孔的柱状晶体	生长于-3 ~ -8℃之间或-22℃以下过饱和程度高（水蒸气量比正常情况下来得多）
	针状雪晶	生长于-3 ~ -5℃间、过饱和程度高的空气里。
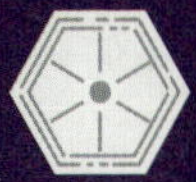	六角形片雪晶	生长于0 ~ -3℃及-8 ~ -25℃间过饱和程度高的空气里。
	枝状星状雪晶	生长于-12 ~ -16℃间过饱和程度高的空气里。
	不规则形雪晶	生长于多种不同的环境条件之下。
	霜化雪晶	为雪晶接触液态水的粒子结霜而成。
	冰雹	水滴结冰而成（冰雹不是结冻的雪，而是一种固态降水）。

图38　依据空气的过饱和度以及温度所划分的雪的类别

颗粒组成。在夜里或回冷的日子里，晶粒彼此结合并再度结冻，隔天早上，雪形成了硬壳。消融之旅从此开始：在融化与冻结的循环中，很可能在很短的时间里，融化便会取得优势，于是冰雪融化为水，最后流入山涧，奔向山谷。

除非雪不受阳光照射，并且位于冰川所在的高海拔地区，因而得以抵挡炎夏，一直撑到被秋季新的降雪所覆盖为止。如此一来，旧雪可以抵挡时光而慢慢转变为冰，成为冰川的一部分。

最适合拿来做雪球的雪

要发现哪种雪才能做出最完美的雪球，我们唯一能做的除了尝试还是尝试。有些雪甚至根本不能拿来做成球状，因为那就好像用干燥的沙子制作一颗球一样。相反，你可以用其他雪做出雪球，但是假使你把它砸到一个路人身上，那你们随后可能得在医院见面了（正是如此，有种称为作用力与反作用力的自然规律：你的雪球就好像水泥做的一样，而那位路人可不觉得你开的玩笑有任何可笑之处，换言之，你发出了不当的作用力，而那位路人可能会回以非常激烈的反作用力）。

制作出最棒的雪球的秘诀在于找到温度与湿度间的完美平衡。

因此，你需要的是融化而紧实的积雪，以提高混合物的晶体之间的凝聚力，但雪融化的程度不能太高，否则雪就会太过于潮湿而失去黏性。

所以最好的雪不是冬季山里降下的那种新鲜而冰冷的雪，因为那种雪太冷太干，含空气的比例比雪还高！捏雪球的时候，所有的枝叉将会被破坏，这种雪所含的空气会被释放出来，而你手里只剩一点点的雪。假使你仍坚持要用这种雪做雪球，那你最好挖个20厘米左右深的洞，那个深度的积雪已经被压得紧实，雪的比例比空气要高。

除此之外，大家最好也避免采用春雪，或说是潮湿的雪。没错，就是因为那里头有太多的水。在这种状况下，液态水不但不会提高黏度反而会导致整块雪融化，于是，你们手里的雪只会变得像婴儿食品一样软烂。

有鉴于此，你们最好测量一下地面附近的气温，假使气温接近（但一定要小于）0℃，而雪看上去不像砂一样粒粒分明，嗯，那代表你们终于找到了用来制作一个完美雪球的理想条件。只要稍微施点力，手中的雪便会融化到足以帮助雪晶黏合，并排出里头的空气，让融水取而代之。看哪，现在你们手中已有一颗完美的雪球！

让我们以一个警告作为结尾：请当心那些被遗忘在窗台上一整夜的雪球！隔天早上，你们若是把它们砸到玻璃上，那就跟拿石头砸玻璃没两样，因为夜里雪球里的水分又再度冻结了，你们手上的其实是结结实实的冰球。

最后，提供给大家一个实用的建议：不要选择你们最好的那副手套，也就是隔离效果最好的那一副，因为从你们的手里传出来的那一点点热可以帮助雪球表面融化，让它更圆并且更加光滑，这可是有着弹道学证据的。

人造雪跟天然雪一样吗？

答案为否。在当今的滑雪场里，人造雪的使用愈来愈频繁。举例来说，在奥地利有一半的滑雪区使用人造雪，意大利的雪场百分之百使用人造雪。雪炮是一种电气装置，它把大量恰好高于冷冻温度的液态水利用压缩空气或是一个巨大的风扇转化成为高压雾化冰晶。气流减压后所降低的温度刚好足以使水滴瞬间冻结，后者以看似雪的形式落在滑雪场上。雪炮所制造出的晶体比较像冰雹，因为它们是由微小冰球聚合而成。人工造雪的问题之一便是要找到足够的凝结核，而我们知道凝结核对于雪晶或冰晶的形成至关重要（请参见“雪如何形成”）。正是由于这个缘故，人工造雪商除了添加高岭土的颗粒，还添加了洗涤剂和丁香假单胞菌一类的细菌，因为这种细菌会制造出一种能让水在−2℃左右的温度冻结的蛋白质（这种细菌对于植物而言是一种病原，因为它会导致植物冻伤）。在自然界中，这种类型的细菌，经常以凝结核的形式出现在云里。

人造雪无可避免地会改变山坡天然的状态。举例来说，它可能含有某些具有肥料性质的添加剂，有几项研究已经指出人造雪可能改变草本植物的成分，降低其多样性。然而，从另一方面而言，人造雪所制造出的那额外一层还算坚硬的雪可以保护部分植物和土壤，让它们免于滑雪场维护设备所带来的损害。因此，有关人造雪对于环境的影响仍有争议：一项在瑞士达沃斯完成的研究表明，制造人造雪所需的能源占达沃斯市政府每年用电预算的0.5%（而私人的暖气用电则占总额的32%），而水资源的消耗就比较显著了，因为市政府为此耗费了20%～35%的水资源。

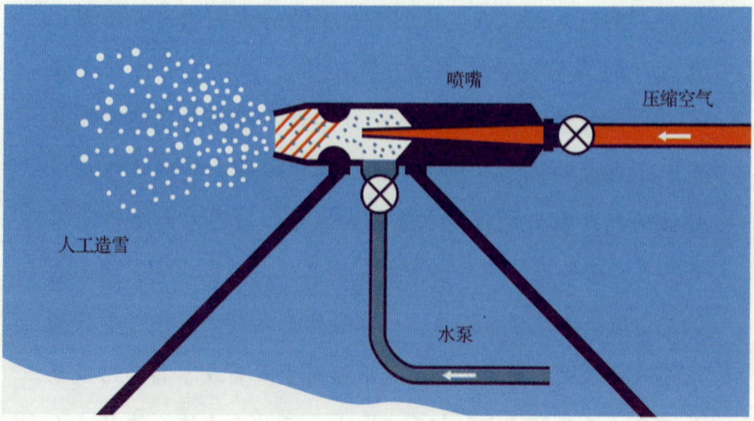

图39 雪炮的工作方式

下雪时空气比较干净

哦，这真是个好消息！然而，坏消息是空气之所以会变干净是因为雪是一把很棒的刷子，其枝叉形成了一个绝佳的滤网。一方面，雪在形成的过程中慢慢飘落（雪的晶核由微小的粒子组成，其中包括污染物），另一方面，雪也收集了空气中的杂质，将它们带到地上。这一切是极其正常的，导致了近海区域的雪含有高浓度的钠离子和氯离子（举例来说，斯瓦尔巴群岛的钠的浓度是阿尔卑斯山脉的100倍之多），而平原地区的空气污染导致雪呈微酸性，因为其中含有化石燃料所产生的硫酸根离子。因此，雪既能够净化空气中的工业污染，也能净化天然的灰尘。

雪净化空气的效率是非常高的，所以某些城市甚至用它来监测市区交通工具有机化合物、无机化合物和重金属排放情况。只要在离某道路一定距离的地方采集雪的样本，带回实验室里加以分析，便能估算出该降雪期间区域的污染程度。冀望污染的范围只局限于道路旁几米的地方无疑是痴心妄想，因为事实上许多污染物会被风吹至数十甚至数百千米外的地区。举例来说，一项在智利进行的研究指出，研究人员在位于圣地亚哥南方500千米处的德奇廉火山带测量到了圣地亚哥市所制造的污染。

因此，尽管雪确实能净化空气，这不过只是一个小小的安慰，实际上污染物最终会进入河流、湖泊，而假使我们运气好的话，它们会被冰封在冰川里好长一段时间，假使我们运气还要更好的话，它们会渗入山里，并在那里被彻底净化。

第十八章

卡宾的科学

为什么滑雪板会滑行？

事实上，你们不是在雪上滑行，而是在水上滑行。是的，你们是在滑水，之所以如此是因为雪冻结的温度取决于压力。压力增高，冻结的温度便会降低。滑雪的时候，分散到滑雪板上的体重对雪所施的力正好足以融化薄薄的一层雪，使之成为液态水。一个固体与流体——即滑雪板和水之间的摩擦力必定会小于无数尖锐的雪晶——即两个固体间的摩擦力。然而，大家无须恐惧，你们不会在身后留下长长的一道水痕，而是会留下被两个河岸包围的小水流：你们逐渐在身后所留下的水会立即再次冻结为冰（但假使你们是在新鲜的雪上滑雪，滑过的雪晶会变得跟原本的雪晶完全不同，而假使它们原本具有枝杈，这时它们将不再具有枝杈）。所以说，春天时湿透的雪肯定特别好滑，本该抓住机会，可惜事实并非如此，你们自己也一定会发现这一点。的确，问题在于水太多了，滑雪板下方不再有支撑它的气垫，因此，滑雪板会下沉而被水包围，甚至会导致恼人的抽吸作用而阻碍滑行。

在滑雪板底部涂抹一些专用的滑雪蜡——一种防水蜡可改善此种情形，假使它仍无法提供完美的支撑力，至少能够减缓抽吸作用。

卡宾滑雪的秘诀

完成一个完美的卡宾转弯是每位滑雪者的梦想，即像圆规一样以一种稳定的速度尽可能有力且干净地在雪地上绘制出一道完美的弧线。理想的弧线，无论由单板滑雪板或双板滑雪板所完成，都是由滑雪板的边刃（而不是板底）独自在雪地上所划出的轨道，期间滑雪者没有滑行到侧边，也就是没有滑离滑雪道。然而，物理学告诉我们这一切仍只是一个梦想，因为基本上，这不可能。然而，我们可以尽可能地趋近完美！如果我们想划出一个180°的完美半圆弧，我们在开始划弧时便得开始减速，否则离心力和递增的坡度所带来的加速度便会让我们的滑雪板打滑并偏离滑雪道。减速？门都没有！纵使我们并不是在参加一场比赛，我们仍想增加速度，而我们可以在划弧时通过变化我们行进的曲率半径达到这一点。因此，滑雪板所划出的完美弧度并不是C的形状（一个完美的半圆形），而更类似于一个镜像的J。总之，我们在划弧时必须一步一步地减少曲率半径。大家自己试试看便会明白。

然而，大部分的时候，滑雪者会打滑：换言之，滑雪板的方向并未完全跟随弧线。刹车时，动能被滑雪板的板底与雪地间的摩擦力所抵消。

然而，进行特殊障碍滑雪的下坡滑降时，滑雪者很少能够完成J形的弧线，相反，他们会努力加速绕过障碍物，但这么做反而会导致刹车的效果。

理想的滑雪里，滑雪板划到雪地，而唯一阻力只有边刃及其在雪地上所挖掘出的刻痕之间的摩擦力。换句话说，滑雪板的方向必须和加速方向一致。然而，在实际的状况中，滑雪者不得不滑向一边（或至少稍微有此情形），滑雪板没有朝向加速的方向，动能因地面和边刃间的摩擦力而消散，边刃压向地面，溅起典型的白云状雪花，从而降低速度。滑雪者尝试执行一个标准的回转时（C形），若想加快速度，会产生极大的离心力，而极可能会因此在障碍物间跌倒翻滚。

此外，许多事情取决于滑雪的曲率半径，即所谓的侧切弧度。为了完成一个完美弧线，我们必须划出一个弧线，而弧线取决于滑

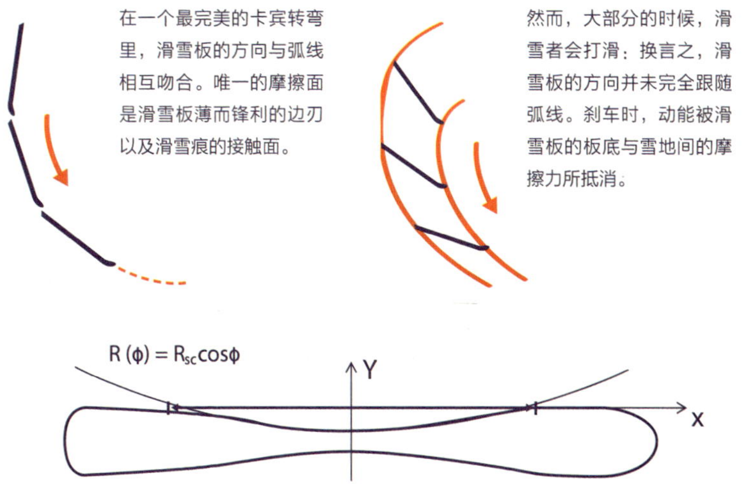

图40　滑雪的物理

雪的曲率半径（图40的Rsc），即滑雪板和地面之间的角度的余弦的半径。简单地说，我们如果提高滑雪板的倾斜度，便会减小圆弧的曲率半径（也就是作出一个比较紧凑的转弯），而我们可以完成一个与平面夹角最低为0°（即滑雪板打平，直线滑降边）、最高趋近90°的理想的角度（不，你们可千万别做此尝试），而这等同于滑雪板的曲率半径。比这更紧凑的转弯所划出的弧线不会是完美的，在雪地上也不会呈现为干净利落的刻痕。我们可以让滑雪板打滑达成上述成果，以几何的角度而言，这是个比较不优雅的解决方案，但它仍然有效、趣味，有时甚至是必要的。

雪崩是如何形成的？

如果各位躺在阳光下，一边欣赏着浸浴在温暖的夏日阳光中那绿意盎然的高山牧场，一边阅读这本书，那么你们可能会认为，雪崩是个无关紧要的问题。然而，对于山地而言，可完全不是如此。在2000—2010年之间，仅仅在欧洲和北美洲地区，便有1900名雪崩的受害者（假使我们将亚洲和南美洲也计算在内，这个数字会急剧

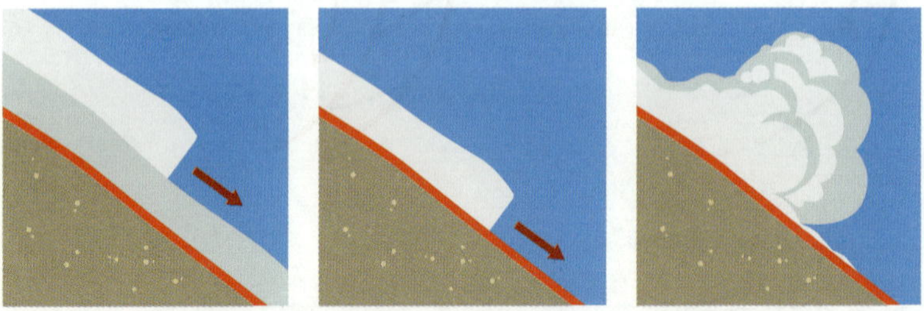

表层雪崩：崩塌沿着附着力较低的雪层形成，但崩塌的雪板本身的附着力较好。

底层雪崩：从表层到底层全面崩塌。常见于春天，雪块本身有良好的附着力。

云状雪崩：雪晶之间的附着力很弱，雪很干燥。

图41　雪崩的分类

欧洲雪崩危险分级

危险级别	雪的崩塌概率	提供给远足人士、登山者和越野滑雪者的注意事项
1 危险度低	一般而言，唯有在极少数几个地势极为陡峭的地方过度负重的状况下才可能发生崩塌。只会发生小规模的自发性雪崩和坡面滑行。	一般而言适合滑雪旅行的安全情况。
2 危险度中等	有可能发生崩塌，特别是在特定几个陡峭的山坡有过度负重的状况时。	具备适合滑雪旅行的优越条件，但必须充分考虑特定地区的危险性。
3 危险度较高	特定几个陡峭的山坡若稍有过度负重的情形便可能发生崩塌。在某些情况下，可能发生中度规模的自发性雪崩，极少数情况下也有大规模雪崩的可能。	滑雪旅行的可能性很有限，必须对当地状况具有良好的评估能力。
4 危险度高	多处陡峭的山坡若稍有过度负重的情形便极可能发生崩塌。在某些情况下，发生中度规模的自发性雪崩的频率可能会很高，有时甚至会发生大规模的雪崩。	滑雪旅行的可能性极其有限，必须对当地状况具有极佳的评估能力。
5 危险度非常高	即使在坡度中等的陡峭地形，也可能发生频繁的大规模的自发性雪崩。	一般而言，不适合滑雪旅行。

上升）。

加拿大每年基础设施的损害估计高达500万美元。

因此，我们也可以根据雪崩的毁灭潜力对其进行分类。分为从1～5的5个级别，从质量小于10吨、崩塌范围只有几十米的小规模雪崩，到破坏力极高、质量高于超过10万吨、足以摧毁一整个山地村庄和40公顷森林的雪崩。

我们可以将雪崩分为两个大类型：自发性的雪崩以及由人为因素所引起的雪崩。如今，第一类的雪崩大致上可以预测，有关这一点，土地（坡度、坡向、植被等）当然还有气象（降雪）扮演了重要的角色。专家有能力指出一个地区此类事件的高发地点，而他们也能根据统计模型表明的复发周期来估计某地的危险性。统计模型可以回答以下问题：在特定的降雪条件下，在这座山谷里或沿着这个山坡，每几年会发生一次破坏性的雪崩?

此处结合了数学模型、历史上的数据以及往往为人所遗忘的不久前的历史（大雪崩是一种相当罕见的事件）。但利用寥寥几种数据，科学家和工程师便可以保护大部分山地及其道路和桥梁的安全。

第二类的雪崩由外力所引发，最常见的原因为滑雪登山、雪鞋走或越野滑雪等活动。现今，在阿尔卑斯山和落矶山脉，90%的意外死亡来自于运动员和游客所引发的雪崩。这个现象引起了研究人员的关注，针对630次雪崩进行研究，他们已找出一种频繁发生的“典型”雪崩。在一处附着力中等（比如说，被风所压缩）的雪地，滑雪者溅起了一个位于表层的雪层，而后者则是依靠在一个脆弱、毫无附着力、埋藏在离地表只有几十厘米（平均为45厘米）的雪层上，这便是所谓的弱层。专家通过在雪层里钻孔或利用特殊的工具从推挤雪层表面，试图找出弱层。滑雪者或远足人员的重量会撞出一块平均50米宽、80米长的大雪板，而后者在斜度38°～40°左右的斜坡上会向下崩塌约150米的距离。这好发于面北或面东的山坡上（北坡的雪可柔软得多），且大多发生于森林线以上的地区。关于雪崩的滑移层，甚至存在着用来辨认罪犯的拼片图：该雪层通常为1厘米厚，并由表面平滑（简言之便是冰片）的大颗粒（直径

雪崩：历史提供了怎样的教训？

军事战略专家研究了历史，因为所有人都知道，史料能让我们不至犯下错误，避免导致数百或数千名军人丧生，不会让某次的战役或整个军事行动失败。然而，我们正是从那些功勋显赫的伟大战略家身上看到，实际上人类从历史的教训中学到的少之又少。雪崩死伤人数的最高纪录发生在一些军事行动中，而其中最早的则是公元前218年汉尼拔将军的军事行动。蒂托·李维写下了有关这次行动的描述，他写道，在一次穿越山脉的行军中，这位伟大的迦太基统帅失去了12000名士兵和2000匹马，一场雪崩将他们席卷而去（但话说回来，这并不构成很大的问题，因为剩余的军队仍然声势浩大，仍有50000名左右的士兵最后成功地翻山越岭，抵达波河平原突袭了罗马军队）。就连拿破仑也在穿越阿尔卑斯山的时候因为几次雪崩而痛失数百名士兵，学校老师讲到蒂托·李维的那一天他可能因病未到。第一次世界大战的时候，意大利和奥地利军队在多洛米蒂山区缠斗数月，那一次，也有数千人因雪崩而罹难。最后，印巴纷争里，印度与巴基斯坦争夺喀喇昆仑山区的某部分领土，2012年冬天的一次雪崩夺走了130名士兵的生命。

约2毫米或以上）的晶体所构成。这种雪层仍然是在雪的变质之下所形成，特别是当天气非常寒冷，积雪的底部约为0℃及表层（就以一个-15℃的夜晚为例好了）之间的温差极大；这时，水蒸气从底层向上升起，积雪的表层从而形成危险的晶体，而随后的降雪将掩盖着这个“滑移层”。

雪的状态有可能极不稳定且暗藏危险：你经过了一个地方，并在那儿做了两次回转；接着，我滑了过来，而看见你刚刚那么从容地滑降，我感到很放心，因此我过弯时用上了更多的力道，而这个力道超出了积雪与其下方的雪层之间的附着力与摩擦力，于是，积雪受到重力的牵引而破裂崩塌，把我一并向下拖行。

此外，让我们作个补充说明，许多事故都发生在隆冬时节一场大雪之后连日晴朗的日子里。总之，那处山坡、那块雪地和那种天气构成了“难忘”的滑雪之旅的完美条件：它们让滑雪者趋之若鹜，但不幸的是，这有时也是一个死亡陷阱。

雪崩后，埋在雪里的人可以存活多久？

答案是：不久。首先，我们先列出几个数字。如果遇到一场雪崩，我们被完全掩埋的概率为35%，而这可非同小可，因为这意味着你们正在救援人员所看不见的地方窒息，他们得先把你们从积雪里挖出来才能对你们提供援助（这就好像不会游泳却又被大浪卷走而不知去向）。被雪崩活埋的前15分钟极其关键，在这段时间里获救的人生还的概率为93%。相反，在接下来的30分钟里，情况变得非常不乐观，存活率下降至25%，之所以如此是因为积雪的空隙中的空气很快就用完了，接着便会发生窒息死亡的情形。在某些情况下，举例来说，当被埋在雪中的人周围的呼吸空间如果够大，则会有超过45分钟的存活时间。然而，只有20%的人有超过90分钟的存活时间，因为这时便会开始有体温过低的问题：我们的身体若被放入0℃或更低温的冰箱里，其生命力会耗尽。统计数字指出，超过

130分钟之后，只有7%的遇难者还有生还的机会。

被雪崩过程里所落下的石头或树木等障碍物击中而致死的案例也不少见。但关于这一点，数据仍不清楚。

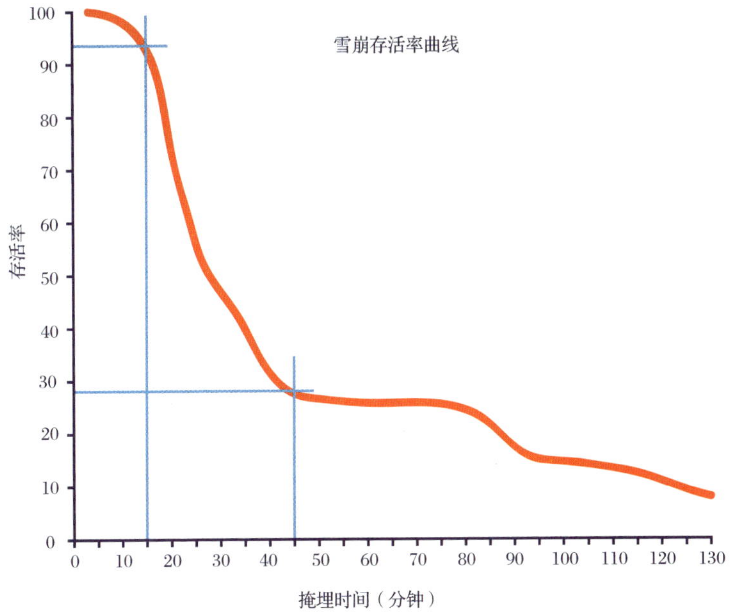

图42　雪崩存活率曲线图

管用的雪崩安全气囊

在我们的山区里，特别是对于在雪地里活动的人员而言，雪崩是危险的，而目前人们使用两种仪器可以将风险降到最低。第一种是一种能侦测心跳的生命探测仪，救灾人员借此得以在最短的时间内找出被掩埋者，缩短搜救时间。

第二种仪器旨在预防受害人被完全掩埋，让他在袭击他的雪啸中“漂浮”。这是一种背包气囊，远足者一旦发现自己遭遇雪崩，便可立刻拉下启动绳索，这时，容量为120~150升的特殊气囊就会自动充气，并帮助人“漂浮”到雪面上。

十多年前所进行的一些研究指出，生命探测仪能有效缩短搜救时间，比如说，将其从120分钟减少到35分钟。尽管如此，这在提高雪崩的实际幸存人数比方面，仍不尽人意。

目前，专家们开发并设计了更精密的仪器。这些仪器具有多个天线和软件，解读信号的能力也更好。有关这些仪器效能的研究仍不多，但相较于旧的仪器，新系统的效率会有显著的提升。

背包气囊在市场上推出是最近的事（20世纪90年代有关研究才开始出现）。根据最先发表的研究结果，这种器材能降低91%的风险，可说是一场真正的革命。但是每五个滑雪者或远足者当中便有一个没有启动气囊，可能是因为气囊本身充气失败，或是因为罹难者没能成功操作设备。在完全掩埋的状况下，生命探测仪仍是唯一的有效系统。然而，请注意，因为此类仪器的使用似乎降低了滑雪者和远足者的警觉心，导致他们在原本可能会提高警戒的地区掉以轻心。

致 谢

整本书并非我独自完成的，为了更深入、全面地了解山脉，我寻求了许多人的帮助，甚至可说是救援，他们是（排名不分先后）：基娅拉·蒙特莫里、丹妮耶拉·杰尔曼尼、西尔维娅·弗赛里、朱塞佩·米赛洛奇、安德烈·托法雷提、马塞罗·阿尔博盖提、阿莱西奥·梅内加提、皮耶特罗·斯德奈、亚历山德罗·札尔帝尼、法比奥·蒙佛尔帝、詹路卡·瓦楞希瑟、马可·卡恰尔尼加、毛罗·戈比、罗伯托·安布罗西尼、弗朗切斯柯·柯密提、卢卡·佩德洛提、詹路卡·托尼奥尼和瓦莱里娅·楞丘尼。

此外，乔凡娜·迪·皮耶特罗、比漾卡·巴索提和埃马努埃莱·巴索提供的帮助也极为重要，他们积极地协助我选择所谓的“热门话题”。